工业和信息化普通高等教育 "十四五"规划教材立项项目 | 高等院校网络与新媒体 新形态系列教材

附微课

短视频

策划、制作与运营

吴锋◎主编

刘湜 甘萍 王志平◎副主编

Short Video

Planning, Production and Operation

人民邮电出版社

北京

图书在版编目（CIP）数据

短视频策划、制作与运营 / 吴锋主编. -- 北京：
人民邮电出版社，2024.1
高等院校网络与新媒体新形态系列教材
ISBN 978-7-115-62740-7

Ⅰ．①短… Ⅱ．①吴… Ⅲ．①视频编辑软件－高等学
校－教材②网络营销－高等学校－教材 Ⅳ．①TN94
②F713.365.2

中国国家版本馆CIP数据核字(2023)第182131号

内 容 提 要

本书从短视频基础出发，系统、全面地介绍了短视频的前期策划、拍摄、后期制作和推广运营的知识。全书共 8 章，前 7 章的内容包括认识短视频、短视频策划、短视频拍摄、短视频剪辑、短视频发布、短视频推广和运营、短视频商业变现，最后 1 章为综合项目实战——拍摄与制作美食宣传短视频，通过一个具体的项目实战强化读者对短视频策划、制作与运营技能的理解。

本书可作为高等院校网络与新媒体、数字媒体、电子商务等专业相关课程的教材，也可作为短视频行业从业人员的参考书。

◆ 主　　编　吴　锋
　　副主编　刘　湜　甘　萍　王志平
　　责任编辑　孙燕燕
　　责任印制　李　东　胡　南

◆ 人民邮电出版社出版发行　　北京市丰台区成寿寺路 11 号
　邮编 100164　电子邮件 315@ptpress.com.cn
　网址 https://www.ptpress.com.cn
　北京瑞禾彩色印刷有限公司印刷

◆ 开本：700×1000　1/16
　印张：12.5　　　　　　　　2024 年 1 月第 1 版
　字数：280 千字　　　　　　2025 年 1 月北京第 4 次印刷

定价：59.80 元

读者服务热线：(010)81055256　印装质量热线：(010)81055316
反盗版热线：(010)81055315
广告经营许可证：京东市监广登字 20170147 号

前言
Preface

党的二十大报告提出："教育、科技、人才是全面建设社会主义现代化国家的基础性、战略性支撑。必须坚持科技是第一生产力、人才是第一资源、创新是第一动力，深入实施科教兴国战略、人才强国战略、创新驱动发展战略，开辟发展新领域新赛道，不断塑造发展新动能新优势。"随着短视频行业的快速发展，社会对短视频策划、制作与运营人才的需求大幅增加，因此，一些院校为全面贯彻党的教育方针，坚持为党育人、为国育才，并为满足当前企业对短视频人才的需求，纷纷开设了相关课程。基于此，编者编写了本书。

本书具有以下特点。

1. 内容全面，结构合理

本书系统、全面地介绍了短视频的前期策划、拍摄、后期制作和推广运营的知识。全书采用理实一体化教学模式，第1~7章以"引导案例+理论讲解+案例分析+任务实训+思考与练习"的体例结构编写。读者不仅可以学习短视频的相关知识，还能通过练习提升实操能力。同时，本书还设置"高手秘技"模块，以拓宽读者的知识面。

2. 案例丰富，实用性强

为了帮助读者快速了解每章内容，本书不仅在正文讲解过程中搭配了很多案例，还在章前设置了"引导案例"模块，在章末设置了"案例分析"模块，使读者能够通过典型案例来加深对每章所学知识的理解，真正做到举一反三。

同时，本书在讲解短视频制作的知识时，采用图解教学的方式，详细展示操作步骤并提供微课二维码。读者可以扫描二维码同步查看视频讲解，在熟悉具体操作的同时，加强对短视频的制作方法与技巧的掌握，从而提升短视频的制作水平。

3. 立德树人，提升素养

本书全面贯彻党的二十大精神，落实立德树人根本任务，书中设置"素养课堂"模块，充分融入职业素养、职业道德、法律法规等相关内容，有利于提高读者的个人修养及综合素养。

4. 资源丰富，支持教学

本书提供丰富的教学资源，包括微课视频、教学大纲、PPT课件、电子教案、课后习题答案、题库及试卷系统等，用书教师可登录人邮教育社区（www.ryjiaoyu.com）免费下载。

本书由吴锋担任主编，刘湜、甘萍、王志平担任副主编。在编写本书的过程中，编者参考了国内多位专家、学者的著作，也参考了许多同行的相关教材和案例资料，在此向他们表示崇高的敬意和衷心的感谢。由于编者水平有限，书中难免存在不妥之处，恳请广大读者批评指正。

编　者

2023年12月

目录
Contents

第1章
认识短视频

【引导案例】

　　近几年，越来越多的文旅干部通过换装短视频展现地方风土人情，为当地旅游业代言，这种反差和接地气引起了大众兴趣，使短视频成为文旅宣传新窗口，也为当地文旅经济注入了源源活水。2020年，新疆维吾尔自治区某县时任副县长因身着一袭红袍，策马飞奔于昭苏雪原的短视频走红于网络，从而带动了当地旅游业的发展。同时，该副县长还利用短视频为家乡的农副产品直播带货，不断将线上流量转化为现实收益。

【学习目标】

➤ 熟悉短视频的概念、发展历程和特点。
➤ 熟悉短视频的类型。
➤ 熟悉主流短视频平台。

1.1 短视频概述

2023年3月，中国互联网络信息中心（CNNIC）发布的第51次《中国互联网络发展状况统计报告》数据显示，截至2022年12月，我国短视频用户规模达10.12亿，同比增长7770万，用户使用率高达94.8%。由此可见短视频受到了众多用户的欢迎。那么，什么是短视频？它是如何发展起来的？它又有什么特点呢？

1.1.1 短视频的概念

被学界和行业所接受，并被广泛应用于短视频研究分析报告中的短视频的定义为：短视频是视频长度以秒计数，时长一般在5分钟以内，主要依托于移动智能终端实现快速拍摄和美化编辑，并可以在社交媒体平台上实时分享和无缝对接的一种新型视频形式。

简单来说，短视频就是指在互联网社交媒体平台上传播的、时长在5分钟以内的视频短片。这类短片可以在各种各样的社交媒体平台上播放，适合用户在碎片化时间观看，具有较高的推送频次和相对较短的时长。

高手秘技

快手基于人工智能系统对用户行为进行统计，将"57秒，竖屏"定义为短视频的行业标准；抖音曾经规定短视频时长不超过15秒，但后来将短视频的时长限制放宽到了15分钟。因此，到目前为止，短视频并没有统一的时长标准，一般时长在几秒到十几分钟的视频都可以视为短视频。

1.1.2 短视频的发展历程

随着移动互联网的快速发展，特别是5G时代的到来，短视频行业持续升温，其内容领域更加细分，如新闻、科普、教育、商业等，短视频的作用也更加突出。然而，在短视频发展初期，其内容领域和作用与现在并不相同。探寻短视频的发展历程，有助于更好地掌握短视频的发展趋势，找到短视频的需求热点。

1. 萌芽时期

短视频的萌芽时期通常被认为是2013年以前，特别是2011—2012年。这一时期最具代表性的事件是GIF快手（快手前身）的诞生。在这一时期，短视频用户群体较小，用户喜欢的是对影视剧二次加工和创作后的内容，或者截取自影视综艺类节目中的视频片段。

在短视频萌芽时期，人们开始意识到网络的分享特质以及短视频制作门槛较低，这为日后短视频的发展奠定了基础。

2. 探索时期

短视频的探索时期是2013—2015年，以美拍、腾讯微视、秒拍为代表的短视频平台逐渐进入公众的视野，被广大用户所接受。

在这一时期，第4代移动通信技术（简称4G）在我国开始投入商业应用，一大批专业影视制作者加入短视频创作者的行列，这些因素推动了短视频行业的发展。短视频行业涌现出一大批优秀的作品，吸引了大量新用户。同时，短视频在技术、硬件和创作者的支持下，已经被广大用户所熟悉，并表现出极强的社交性和移动性特征，凭借优秀的内容，短视频在互联网内容形式中的地位得到提高。

3. 爆发时期

短视频的爆发时期是2016—2017年，以抖音、西瓜视频和火山小视频（现为抖音火山版）为代表的短视频平台都在这一时期上线。在这一时期，短视频行业百花齐放，众多互联网公司也受短视频行业的红利吸引，加速在短视频行业的布局。各短视频平台也投入大量资金来支持内容创作，从源头上激发创作者的热情。大量的资金不断地涌入短视频行业，为短视频的发展奠定了坚实的经济基础。

在这一时期，4G开始普及，短视频平台和创作者的数量都呈爆发式增长，平台类型多元化使得短视频得到了更好的传播，短视频的作品数量也大幅度增加。大量的短视频作品吸引了更多用户使用短视频平台，也促使更多创作者加入短视频行业，从而推动短视频行业良性发展。

4. 成熟时期

从2018年至今属于短视频的成熟时期。这一时期的短视频出现了搞笑、音乐舞蹈、宠物、美食、旅游、运动健身等垂直细分领域，如图1-1所示。另外，短视频行业也呈现出"两超多强"（抖音、快手两大短视频平台占据大量市场份额，其他多个短视频平台占据少量市场份额）的发展态势。

图1-1

这一时期，我国短视频行业蓬勃发展，市场规模迅速扩大，用户数量激增，使得短视频内容质量参差不齐。2019年1月，中国网络视听节目服务协会发布了《网络短视频平台管理规范》和《网络短视频内容审核标准细则》，两份文件从机构把关和内容审核两个层面进一步规范了短视频传播秩序，使短视频行业向正规化发展。

当下，随着5G、增强现实（Augmented Reality，AR）、虚拟现实（Virtual Reality，VR）、人工智能、大数据等技术的日益成熟及广泛应用，短视频与各类技术的融合不断加强。与此同时，短视频也呈现出了一些新的发展模式，如"短视频+直播""短视频+电商""短视频+社交"等，这种"短视频+"的新模式正在逐渐成为新趋势，整个短视频行业也呈现出全面开花的良好局面。

1.1.3 短视频的特点

《2023中国网络视听发展研究报告》显示，截至2022年12月底，在所有网络视听领域中，短视频领域的市场规模占比最大，为40.3%，高达2928.3亿元；短视频的用户使用率高，用户规模达10.12亿；24.3%的人第一次触网使用的网络视听应用是短视频应用。为什么短视频这么火爆呢？主要是因为短视频具有"短""低""快""强"等特点，契合现代社会的发展节奏，如图1-2所示。

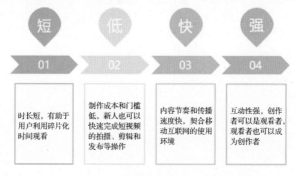

图1-2

素养课堂

党的二十大报告将"人民精神文化生活更加丰富，中华民族凝聚力和中华文化影响力不断增强"列为我国未来五年发展的主要目标任务之一。这也要求各大短视频平台应当主动承担社会责任，通过优化内容推送机制和优秀内容的激励措施，不断提升平台中短视频的质量，营造良好的社会氛围，满足人民群众多样化、个性化的需求。短视频创作者则需要以社会主义核心价值观为引领，按照法律法规规范创作手段，不断推出大众喜闻乐见、蕴含中华民族优秀文化和时代精神的优质短视频，充分展现积极向上的精神风貌，丰富人民群众的精神文化生活，满足人民的精神需要，把社会主义核心价值观融入人们的日常生活中。

1.2 短视频的类型

短视频的类型多种多样，涉及生活、学习和工作的多个方面。认识不同的短视频类型，对短视频的策划和制作非常重要。

1.2.1 产品营销类短视频

产品营销类短视频的典型特点就是没有故事情节，传达给用户的就是产品的卖点，通过分析产品的特性，找到产品的核心卖点，并借助镜头将卖点展示出来，同时渲染品牌调性。这种短视频类型适用于有实际产品的品牌商家，如汽车、快消品以及其他生产生活行业，如图1-3所示。

图1-3

↘ 1.2.2 情景短剧类短视频

情景短剧类短视频是指依托相对固定的场景，利用生活中常见的事件及道具，根据自身风格进行场景化演绎，且具有相对完整情节的短视频类型。情景短剧类短视频故事性较强、类型丰富、风格多样，通常会涉及家庭伦理、青春冒险、悬疑推理、都市爱情、乡村生活等多种题材，在短视频平台上传播广泛，深受用户欢迎。常见的情景短剧类短视频主要有幽默类、搞笑类、情感类和职场类短视频。图1-4所示为搞笑类情景短剧。

图1-4

↘ 1.2.3 美食类短视频

民以食为天，美食永远都是人们愿意探讨的一个话题，美食类短视频也一直是短视频的热门类型。无论是比较吸引人的美食探店，还是实用性很强的美食教学，各种美食短视频都深受用户的喜爱。图1-5所示为与美食制作相关的短视频。

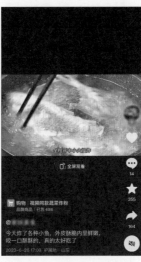

图1-5

↘ 1.2.4 技能分享类短视频

技能分享类短视频是目前较热门的短视频类型，内容主要涉及与衣食住行、学习、工作等相关的专业知识和技能，能够让用户更好地应对生活、学习以及工作上的难题，因此备受用户青睐。技能分享类短视频如图1-6所示。

图1-6

↘ 1.2.5 街头采访类短视频

街头采访类短视频一般以一个当下热点话题开头，然后随机采访路人，让路人就相关话题进行回答，亮点在于路人的反应。由于话题性很强，这类短视频比较容易获得短视频平台的推荐，并能够引发用户的共鸣，因此流量往往很大，如图1-7所示。

图1-7

↘ 1.2.6 生活记录类短视频

生活记录类短视频是指用视频记录个人生活的短视频类型，该类短视频的内容与人们的日常生活息息相关，因此极易引发用户共鸣，从而得到用户喜爱。生活记录类短视频的内容覆盖范围较广，如旅游、工作、学习、休闲娱乐等，如图1-8所示。

图1-8

👆 **高手秘技**

　　短视频还可以按创作的方式分类，主要包括用户生成内容（User Generated Content，UGC）、专业用户生产内容（Professional User Generated Content，PUGC）和专业生产内容（Professional Generated Content，PGC）3 种。其中，UGC 表示由普通用户自主制作并上传短视频，其特点在于制作成本低，制作简单，商业价值较低（随着广告形式的变化，UGC 凭借其真实、贴近生活的属性，商业价值日益凸显）；PUGC 表示由在专业领域拥有专业知识或拥有一定用户基础的用户制作并上传短视频，其特点在于制作成本较低，制作时经过一定的策划，商业价值较高；PGC 表示通常由独立于短视频平台的专业机构制作并上传短视频，其特点在于制作成本高，制作难度大，商业价值高。

1.3 主流短视频平台

　　近年来，短视频行业蓬勃发展，用户数量激增，各大短视频平台迅速崛起。常见的主流短视频平台主要有抖音、快手、微信视频号、哔哩哔哩、小红书。

↘ 1.3.1 抖音

　　抖音是一款音乐创意短视频社交软件，定位是"年轻、潮流"，是目前非常热门的短视频平台，自上线以来备受关注。图1-9所示为抖音相关界面。

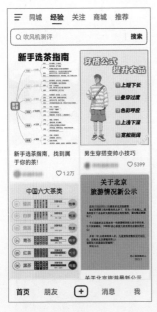

图1-9

　　抖音是面向全年龄段用户的短视频平台，其平台优势主要表现在3个方面。一是抖的用户群体量大，根据抖音官方公布的数据，截至2023年1月，抖音的日活跃用户量已超过8亿人，拥有大量的用户基础；而且抖音用户年龄主要集中在18～35岁，以年轻用户群体为主，这类群体好奇心重，对新鲜事物接受能力强，消费能力较强，平台使用频率较高，对平台的黏性强，营销效果好。二是抖音通过多种变现方式将大量的用户转化为销量，用户转化率高。三是抖音通过大数据算法分析用户的兴趣爱好，实施精准的个性化推荐机制，进行有针对性的推送。

↘ 1.3.2　快手

快手最初是一款用来制作和分享GIF图片的应用软件，后来才逐渐转型为短视频社区，成为供用户记录和分享各种短视频的平台。图1-10所示为快手相关界面。

图1-10

根据快手官方公布的数据，2023年第一季度快手应用平均日活跃用户为3.743亿人，平均月活跃用户为6.544亿人。快手的活跃用户多热衷于分享生活，其中30岁以下的用户占比超70%。从快手用户的城市分布上来看，以三线及以下城市用户居多。快手用户观看量较大的短视频类型为剧情、情感、美妆、服饰、游戏、幽默搞笑等，用户的忠诚度高。

快手强调多元化、平民化和去中心化，实行流量普惠策略，将更多的流量分配给普通用户，鼓励用户创作内容，并保护他们的权益，对短视频内容运营的支持力度也相对较大。这使得快手拥有大量普通用户，而且用户的信任度和黏性较高。

↘ 1.3.3　微信视频号

微信视频号是2020年1月22日腾讯正式宣布开启内测的短视频平台，用户可以直接通过微信App发布时长为3～60秒的短视频，或是9张以内的图片，还能添加地理位置和微信公众号文章链接，是一个新兴的内容记录与创作平台。图1-11所示为微信视频号相关界面。

图1-11

根据腾讯在2023年3月公布的数据，微信活跃用户已经超过13亿人，微信已成为全球最大的社交媒体平台之一，而微信视频号作为微信内部的视频功能，本身就已经有了庞大的用户群体。微信视频号立足于用户广泛的微信平台之上，具有独特的社交优势。用户在微信视频号中看到感兴趣的内容后，可直接将其分享到朋友圈或转发给微信好友，相比于文字交流来说，短视频交流更容易拉近用户之间的距离。

此外，微信视频号支持短视频创作者添加公众号文章链接，公众号中也有微信视频号的入口，因此微信视频号不仅可以获取流量，还可以为公众号引流，反过来公众号也可以提升微信视频号的流量。

↘ 1.3.4 哔哩哔哩

哔哩哔哩（bilibili，简称B站）早期是一个创作和分享动画、漫画、游戏内容的视频网站，如今已经慢慢发展成一个优质内容的生产平台，其中自然也包括短视频内容。图1-12所示为哔哩哔哩相关界面。

相较于其他短视频平台，哔哩哔哩属于综合类视频网站。从短视频角度来看，哔哩哔哩具有以下特点。

1. 以年轻用户为主，视频质量高

哔哩哔哩是一个年轻人高度聚集的涵盖多个兴趣圈层的多元文化社区和视频分享平台，用户群体年轻化特征明显，主要以"90后"和"00后"为主，用户群体的文化程度普遍较高，有着较强的创新意识和创造能力。同时，哔哩哔哩还拥有许多独家的正版视频资源，以及很多高质量的流行视频，大大提高了用户黏性。

2. 观看体验好

哔哩哔哩引领了弹幕社交潮流。弹幕是指在网络上观看视频时弹出的评论性字幕，虽然不同弹幕的发送时间有所区别，但通过弹幕方式连接处于不同时空的用户，可以给用户营造一种实时互动的错觉，满足用户的社交和互动需求。同时，哔哩哔哩的视频广告非常少，给用户带来了优质的观看体验。

3. 学习属性强

哔哩哔哩的学习资源丰富，涵盖学科课程和专业技术领域，且视频质量有保证。目前，哔哩哔哩已经成长为我国用户规模较大、内容和资料较丰富的主流学习平台之一。

图1-12

↘ 1.3.5 小红书

小红书官方将小红书定义为"年轻人生活方式分享平台"。小红书以"UGC内容社区"为核心，被用户称为"种草平台"。用户可以在其中分享自己的消费体验，引发社区互动，从而带动消费。随着短视频的蓬勃发展，小红书紧跟时代发展潮流，增加了视频功能，而且随着5G技术的发展，短视频将会是未来小红书发展的重点方向之一。图1-13所示为小红书相关界面。

小红书的主要用户为20～35岁的女性，而且多是一、二线城市的都市白领，爱好旅行、购物、美食等，热衷网络社交，用户的黏性很强，易于成交产品，而且消费欲望强烈，在某种程度上可以刺激消费。用户通过小红书可以浏览各个达人总结的"种草攻略"，也可以分享自己关于产品的使用心得。小红书的用户既是消费者，也是分享者，社交电商优势显著。

图1-13

【案例分析】

老君山——红在短视频

近年来，短视频依靠其"短""低""快"的特性博得众多互联网用户的青睐，由此带火了一大批旅游景点，如青海的茶卡盐湖、四川的稻城亚丁、重庆的洪崖洞和李子坝轻轨等。

2019年12月，老君山景区抖音官方账号发布了一条老君山的雪景视频，收获近90万次的点赞量，如图1-14所示。老君山成为冬季热门景点，吸引了大量用户前往。随后，凭借着这一热度，老君山景区一度成为洛阳最热门的景区之一。截至当前，老君山话题在抖音的相关视频播放量最高已突破58亿次。老君山景区的出名靠的不仅仅是优美的自然风光以及浓厚的人文气息，更多的是老君山景区官方账号盯准了短视频发展的风口，构建自己的宣传矩阵，在多个短视频平台进行宣传。2023年，老君山景区官方账号发起了"寻找宣传大使"原创短视频征集活动，短视频内容为展现老君山景区的美景、特色活动、旅游攻略等，创作者可在抖音、快手、微信视频号、小红书、哔哩哔哩参与活动。该活动让老君山景区的热度持续攀升，并将线上的热度在线下直接转化成收入。

上网搜索以上案例，观看老君山景区抖音官方账号发布的短视频，然后回答以下问题。

（1）老君山的短视频为什么会在抖音火爆？

（2）短视频的营销优势有哪些？

图1-14

【任务实训】

↘ 实训1——分析不同的短视频平台

1. 实训背景

近年来，短视频行业迅速崛起，各大短视频平台数量激增，作为短视频创作者，更要对各大短视频平台有充分的了解。

2. 实训要求

以"美食"这个关键词为切入点，在不同的短视频平台中搜索并查看美食类短视频，分析并对比类似主题下，不同平台中短视频的特点，要求所找的短视频平台不少于3个。

3. 实训思路

可以从移动端进入短视频平台，也可以直接从PC（Personal Computer，个人计算机）端进入短视频平台官方网站，通过搜索"美食"关键词浏览、查找短视频。

↘ 实训2——熟悉主流短视频平台相关规则

1. 实训背景

熟悉主流短视频平台相关规则，可以帮助短视频创作者在后期制作和发布短视频时避免违规操作，减少麻烦。

2. 实训要求

查看抖音、快手、微信视频号、哔哩哔哩和小红书等主流短视频平台的相关规则，并总结通用的规则。

3. 实训思路

在手机上下载短视频App，注册和登录账号后，进入短视频App了解平台相关规则。以抖音App为例，在手机上下载抖音App并注册和登录抖音账号，然后选择右下角的"我"选项，点击"更多"按钮，在打开的界面中选择"创作者服务中心"选项，再在打开的界面中点击"规则中心"按钮，打开"抖音规则中心"界面，查看抖音的相关规则，如图1-15所示。

图1-15

【思考与练习】

一、填空题

1. 短视频的特点主要有_____、_____、_____强。

2. 短视频的发展主要经历了_____、_____、_____和成熟时期4个阶段。

3. _____是一款音乐创意短视频社交软件，定位是"年轻、潮流"。

4. 按短视频创作的方式分类，短视频可以分为_____、_____和专业生产内容3种。

5. 相较于抖音，快手更强调_____、_____和去中心化，实行_____策略，将更多的流量分配给普通用户。

二、单选题

1. 短视频研究分析报告中对短视频时长的规定是（　　）以内。

　A. 30秒　　　　　B. 1分钟　　　　　C. 3分钟　　　　　D. 5分钟

2. 快手基于人工智能系统对用户行为进行统计，将（　　）定义为短视频的行业标准。

A. 57秒，竖屏　　　B. 30秒，横屏　　　C. 30秒，竖屏　　　D. 57秒，横屏

3. （　　）的特点就是没有故事情节，直接传达给用户的是产品卖点。

A. 产品营销类短视频　　　　　　　B. 情景短剧类短视频

C. 技能分享类短视频　　　　　　　D. 街头采访类短视频

4. （　　）是一个年轻人高度聚集的涵盖多个兴趣圈层的多元文化社区和视频分享平台。

A. 哔哩哔哩　　　B. 微信视频号　　　C. 抖音　　　D. 小红书

5. （　　）最初是一款用来制作和分享GIF图片的应用软件，后来才逐渐转型为短视频平台。

A. 抖音　　　B. 小红书　　　C. 快手　　　D. 视频号

三、简答题

1. 简述短视频的特点和发展历程。

2. 从短视频内容来看，短视频有哪些常见类型？

3. 主流短视频平台有哪些？各有什么特点？

四、操作题

1. 在短视频平台观看短视频，查看还有哪些比较受欢迎的短视频类型，并分析原因。

2. 下载两个主流短视频平台App，并注册登录，然后分别在两个App中搜索同一个账号，查看短视频内容有何区别，并分析原因。

第2章
短视频策划

【引导案例】

　　"尿尿是只猫"是一个宠物短视频账号，虽然其账号背后只有3位团队成员（一个人负责拍摄、创作和剪辑，另一个人负责商务运营，一只猫负责"表演"），但该账号目前在抖音上拥有近1200万个粉丝。"尿尿是只猫"账号的定位是萌宠类，发布的短视频内容大都是"尿爸"（账号主理人）和狸花猫"尿尿"真实有趣的日常互动，内容领域为宠物，内容表现形式为故事，内容风格偏于搞笑、活泼。"尿爸"先拍摄视频素材，再根据视频内容创作脚本，对短视频内容进行精心策划，让原本简单随意的日常生活视频片段具有了故事性，因此吸引了大批用户关注。

【学习目标】

➢ 了解短视频团队的构建。

➢ 掌握短视频定位和选题策划的方法。

➢ 掌握短视频脚本设计的方法。

2.1 短视频团队构建

无论是个人还是商家，要想真正做好短视频，首先需要搭建一支短视频团队，这样制作出的短视频才更专业。在搭建团队的过程中，需要合理安排短视频团队的角色分工，并且明确团队的工作流程。

↘ 2.1.1 短视频团队的角色分工

通常情况下，专业的短视频团队由导演、编剧、演员、摄像、剪辑人员、运营人员和辅助人员7种职能人员组成，各职能人员的角色分工如表2-1所示。

表 2-1

职能人员	主要工作	具体工作
导演	统领全局，把关短视频创作的每一个环节	（1）负责短视频拍摄及后期剪辑，能充分通过镜头语言及后期剪辑实现短视频脚本所要表达的内容； （2）拍摄工作的现场调度和管理
编剧	确定选题，搜寻热点话题并撰写脚本	（1）收集和筛选短视频选题； （2）收集和整理短视频创意； （3）撰写短视频脚本
演员	凭借在语言、动作和外在形象等方面的专业呈现，塑造具有特色的形象	（1）根据编剧创作的短视频脚本完成短视频剧情表演； （2）在外拍或街拍时，采访路人
摄像	拍摄短视频、搭建摄影棚，以及确定短视频拍摄风格	（1）与导演一同策划拍摄的场景、构图和景别； （2）独立完成或指导工作人员完成场景布置和布光； （3）按照短视频脚本完整拍摄短视频； （4）整理所有视频素材
剪辑人员	把拍摄的视频素材组接成完整的作品	根据短视频脚本独立完成视频剪辑、特效制作和添加音乐等操作
运营人员	通过文字的引导提升短视频的完播量、点赞量和转发量，进行用户反馈管理、粉丝维护和评论维护	（1）负责各个短视频平台账号的运营； （2）规划短视频账号的运营重点和内容主题； （3）与一些短视频达人联系并促成合作； （4）负责与用户互动，留住用户
辅助人员	灯光：搭建摄影棚，布置灯光，负责拍摄过程中的灯光控制等	
	配音：为演员或内容主体配上标准的普通话或需要的语音	
	录音：根据导演和短视频脚本的要求完成短视频拍摄时的现场录音	
	化妆造型：根据导演和短视频脚本的要求给演员化妆和设计造型	
	服装道具：根据导演和短视频脚本的要求准备好演员的服装及相关道具	

👆 **高手秘技**

短视频团队具体需要多少人员，可根据拍摄内容来决定。例如，拍摄情景短剧类短视频，每周计划推出2～3集，每集时长为5分钟左右，那么团队安排4～5个人就够了。而拍摄一些简单的短视频一个人也能完成，如体验、测评、解说类短视频。

↘ 2.1.2 短视频团队的工作流程

虽然短视频团队的人员数量、角色并不完全固定，但短视频团队的工作流程大部分是相同的。

1. 确定选题

选题反映了短视频内容的主题思想，是短视频内容创作的方向。确定选题即确定短视频的内容主题，主要包括讨论和审核两个步骤，具体操作如下。

- 讨论：一般由导演带领团队成员组成选题小组，在选题会上，成员可以提出自己认为合适的多个选题，然后所有人一起讨论。讨论的范围包括预测用户对该选题的喜爱程度、选题内容是否符合账号定位、短视频拍摄和剪辑的成本如何等。
- 审核：讨论完成后，有问题的选题被直接剔除或者修改，而没有问题的选题则交给导演审核，审核通过的选题则可作为短视频的内容主题。

2. 撰写脚本

短视频脚本是指拍摄短视频时所依据的大纲，它体现内容的发展方向，对故事发展、节奏把控、画面调节等都起到重要的作用。选题确定后，编剧就要根据新选题编写脚本。

3. 拍摄

拍摄是整个短视频创作过程中既繁忙又重要的阶段，起到了承上启下的作用。导演和摄像既需要落实前一阶段的准备工作，完成脚本中的各项工作，又要为后面的剪辑工作提供充足的视频素材。在拍摄短视频之前，导演和摄像需要做好相关准备工作。例如，如果拍摄外景，就要提前勘察地点，看看哪个地方更适合拍摄。此外，导演和摄像还需要注意以下3点。

- 提前安排好具体的拍摄场景和灯光，并对拍摄时间做详细的规划。
- 根据脚本提前准备好各种摄影摄像器材等，分配好演员、摄像等人员的工作任务，如有必要，可以提前对一下台词等。
- 拍摄完成后，初步审核拍摄的所有素材，根据脚本查看素材是否符合要求；如果发现有的镜头不可用（如模糊、摇晃、不完整等），还要补拍。

4. 剪辑

拍摄完成后，就可以进入剪辑阶段。由于拍摄阶段拍摄的视频素材不能直接使用，因此需要专业的剪辑人员使用专业的视频剪辑软件，进行短视频素材的后期剪辑，包括剪切拼接、配音、调色、添加字幕和特效等具体工作，从而将视频素材组合和制作成一个风格统一、内容完整的短视频作品。在剪辑时，剪辑人员需要注意视频素材之间的关联性，如镜头运动的关联、场景之间的关联、逻辑的关联及时间的关联等。剪辑视频素材时，要做到细致、有新意，使视频素材之间的衔接自然又不缺乏趣味性。

5. 运营

运营包括发布短视频、推广短视频和数据统计3个步骤，具体操作如下。

- 将短视频发布到各个短视频平台，并根据短视频的内容和特点撰写标题和文案，以吸引更多的用户观看。
- 短视频正式发布后，根据各个短视频平台的推广机制，选择合适的引流方法推广短视频。
- 实时关注相关数据，定期统计数据并制作数据报表，总结经验。

2.2　短视频定位

短视频定位是指确定短视频将要呈现给用户的内容。精准的定位可以让用户对短视频有一个清晰的认知，让短视频更好地形成核心竞争力。归纳起来，短视频定位主要有用户定位和内容定位两个方面的内容。其中，短视频用户定位是确定短视频内容给谁看，短视频内容定位是确定短视频的内容是什么。

2.2.1　短视频用户定位

短视频的出现和发展，都是建立在海量用户的基础上，也就是说，用户是短视频创作的基础，用户的关注和喜爱是短视频创作的前提。因此，短视频创作者要创作出优质的短视频，就需要做好短视频的用户定位。实现精准的用户定位的步骤如下。

1. 确定用户的基本需求

确定用户的基本需求可以帮助短视频创作者归纳短视频用户的特点，这样创作出来的短视频内容才能取得期望的效果。短视频用户的基本需求主要有休闲娱乐、获取知识技能、增强自我归属感、寻求消费指导等。例如，当短视频创作者明确自己创作的短视频是为了让用户增长知识时，就应该确保短视频内容与知识分享有关。

2. 获取用户的基本信息

美食、职场、旅游、才艺、美妆、萌宠等各个领域都有其特定的用户群体，了解这些用户群体的基本信息，有助于短视频创作者锁定目标用户群体，实现精准定位。用户的基本信息是指短视频用户在网络中观看和传播短视频的各种具体数据。在大数据时代，获取用户数据简单且常用的方法就是通过专业的数据统计网站获取，例如，新榜、抖查查等。图2-1所示为抖查查官方网站上某美食类短视频达人的粉丝画像，短视频创作者通过该画像即可了解同类账号用户的基本信息。

19

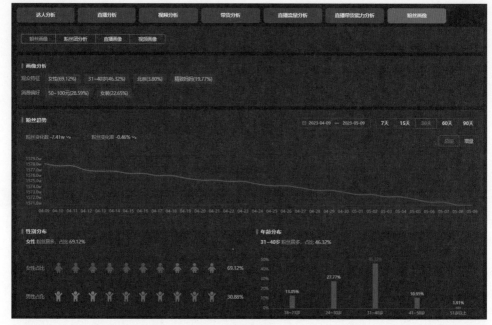

图2-1

素养课堂

在通信技术、互联网、大数据等新兴技术的推动下，数据在现代社会中的作用越来越突出，成为信息时代的核心战略资源。无论是国家对人口、经济、贸易等领域的统计，企业对生产、仓储、销售的管理，还是社会生活方式，都受到了数据的深刻影响。与此同时，各项技术应用背后的数据安全风险也日益凸显。近年来，数据泄露、数据窃听、数据滥用等安全事件屡见不鲜。例如，在进行短视频用户定位时，就会涉及用户的个人隐私，如个人身份信息、地理位置、消费记录等。因此，在这样的背景下，短视频创作者在进行用户定位时，必须严格遵守相关法律法规，保护和尊重用户隐私。

3. 形成用户画像

短视频创作者在了解了用户的基本信息后，就可以综合这些信息形成用户画像。这里的用户画像其实就是根据用户的属性、兴趣、喜好、购买习惯、消费能力和消费行为等信息而抽象描述出来的标签化用户模型。形成用户画像简单来说就是归纳用户的特点，特别是用户对短视频的兴趣爱好和需求，从而为短视频的内容定位提供用户基础。某宠物类短视频账号的用户画像示例如下。

- **性别**：女性为主，占比约80%，男性用户占比较低。
- **年龄**：17岁以下用户占比约50%，18～24岁用户占比约30%，25～35岁用户占比约10%，35岁以上用户占比约10%。

- 地域分布：南方省份占比约60%，直辖市和各大省会城市占比约90%。
- 活跃时间：工作日为12:00—14:00、16:00—23:00，节假日为10:00—24:00。
- 感兴趣的宠物话题：猫粮、狗粮的选择，猫狗的装饰打扮，训练猫狗的正确方式，为什么猫狗这么可爱，等等。
- 用户关注账号的决定因素：画面精美、宠物可爱，为自己提供了很多有价值的喂养知识，账号持续发布优质内容，等等。
- 点赞及评论的条件：宠物可爱、听话，内容搞笑、有价值、实用性强，并且内容能引发共鸣，等等。
- 用户的其他特征：喜欢美食、旅行和运动，性格开朗大方，喜欢购买大众喜欢的产品。

↘ 2.2.2 短视频内容定位

短视频的内容定位非常重要，是短视频筹备、脚本创作、拍摄和制作的前提。设定短视频账号的内容领域的常用方法是差异化定位法，这种方法是指创作者根据自身的特长来定位内容领域，主要包括以下5个步骤。

（1）分析自身条件，包括自己所处的城市，自己的知识水平、年龄、擅长的技能和工作领域，自己的爱好，能否熟练使用各种摄像设备、拍摄软件和视频剪辑软件，等等。

（2）观看各种类型的短视频，从短视频创作者的角度来分析这些具体案例，看自己能不能创作同类型的短视频，并根据自己的特长和知识技能确定细分领域（确定短视频内容涉及的细分领域，如美食制作领域包括家常菜类、烘焙类、减脂餐类等细分领域）。只有确定短视频内容涉及的细分领域，才能保证短视频的内容紧紧围绕该领域。最后做出详细的书面分析。

（3）根据分析结果找到2～3个短视频内容方向，然后在短视频平台中搜索该类型视频的优秀达人的账号，观看其发布的短视频，学习短视频的创作。

（4）在了解了短视频创作的大概步骤后，先模仿达人的短视频，自己拍摄和制作几个短视频，并将其发布到短视频平台。

（5）坚持每天发布该内容方向的短视频，一段时间后（通常是1～2个月），如果粉丝量没有达到预期，就更换内容方向重新创作其他类型的短视频。

2.3 短视频选题策划

短视频选题就是短视频创作者对短视频内容的设想和构思，好的选题是短视频内容的质量保证，更是影响短视频播放量的重要因素。短视频创作者要想策划出优质的短视频选题，可以从以下方面入手。

↘ 2.3.1 选题策划的原则

要想创作出优质的短视频，短视频创作者需要遵守选题策划的4个核心原则，分别是符合规则、符合人设、体现创意、符合用户需求。

1. 符合规则

符合规则指的是符合短视频平台的规则。短视频创作者不能创作违背短视频平台规则的短视频。

2. 符合人设

符合人设指的是短视频的选题要和账号人设相匹配，以提升账号在专业领域的影响力，提高用户的黏性。

3. 体现创意

体现创意指的是短视频选题要具有创意。短视频创作者即便只是做出了微小的创新，也会收获截然不同的结果。

4. 符合用户需求

符合用户需求是指在策划短视频选题时要以用户为中心，不能脱离用户。短视频的内容只有对用户有价值，满足了他们的需求，才更容易获得较高的播放量和大量用户的关注。

↘ 2.3.2 确定选题的类型

好的选题是短视频成功的一半，因此，选题的重要性不言而喻。要策划出好的短视频选题，先要确定短视频选题的类型。一般来说，短视频选题主要有以下3类。

- 常规选题：常规选题是指记录日常生活、工作技能、学习状态等的内容。对于常规选题，短视频创作者一方面应该随时记录日常生活、工作、学习、娱乐时的场景、技能、状态，积累充足的素材；另一方面可以观看与自己短视频定位相似的其他账号的短视频，从中找到灵感。

- 热点选题：热点选题是指与短视频定位有关联的热点事件，注意要在事件出现后2小时左右确认选题并创作内容。这需要短视频创作者随时关注各大热门榜单，选择相关的热点进行创作，并运用热门背景音乐或表情等。

- 系列选题：系列选题围绕一项中心内容连续地创作，强调内容之间的关联性、连续性。对于系列选题，短视频创作者应该提前1～2周策划。

↘ 2.3.3 创建选题库

短视频创作者创建选题库可以将不同主题、风格、内容等方面的选题分类整理，方便在策划选题时，快速查找相应的短视频选题，有助于梳理策划思路，提高工作效率。创建选题库主要有以下3个步骤。

1. 收集选题素材

要想持续地输出优质内容，短视频创作者就必须拥有丰富的素材，这就要求短视频创作者建立自己的选题库。短视频创作者需要从身边的人、事、物，以及每天接收到的外部信息中收集优秀的选题素材。短视频创作者可以通过百度热搜、头条热榜、知乎热榜、微博热搜、抖音热榜、百度指数、哔哩哔哩排行榜、快手热榜和微视热榜等渠道收集选题素材，然后对收集到的有效信息进行提取、整理、分析与筛选。

2. 录入选题信息

筛选出合适的选题素材后，短视频创作者需要记录选题名称、选题类型、选题理由、选题构思、选题素材来源等相关信息，并将记录好的选题信息存入选题库中。

3. 定期更新选题库

随着时间的推移，以及市场和用户需求的变化，选题库中的部分选题可能已经过时。因此短视频创作者需要定期更新选题库，及时收集新的选题素材，并整理到选题库中，使选题具有时效性。

2.4　短视频内容策划

在"内容为王"的时代，内容才是短视频的核心。短视频创作者在策划完短视频的选题后，需要对短视频的内容进行策划，主要包括以下4个方面。

2.4.1　选择短视频内容领域

在内容领域的选择上，简单有效的方式就是选择短视频创作者自己最擅长、资源最丰富的方向，这样才有利于短视频的创作。

● 干货：这里的干货指的是精练的、实用的、可信的内容。干货短视频的内容具备实用、科普和教育等显著特性，并能给用户带来足够多的价值，所以通常容易受到用户关注。干货短视频内容主要有化妆知识、美容技巧、生活小妙招和健康常识等。图2-2所示为干货短视频，该短视频内容主要是介绍一些生活中的实用小技巧，由此收获了很高的点赞量和收藏量。

图2-2

- 情感：情感内容通常能够引起用户共鸣，容易获得高播放量，也容易引起用户点赞和转发。情感短视频不但能在情感上引起用户共鸣，而且其视觉效果可以媲美电影画面。这类短视频主要用于传递正能量，很容易引起用户情感上的共鸣，用户面广，易于转发传播。情感短视频内容包括分享见义勇为、乐于助人、甘于奉献的人物或事件，或者分享情感话题，如友谊、亲情、爱情。

- 宠物：宠物短视频以可爱的宠物为主角，因为宠物十分惹人怜爱，加上现在有很多喜爱萌宠的用户群体，这类短视频很容易获得较高的播放量。图2-3所示为宠物短视频，该短视频主要通过宠物出镜并配文的方式来吸引用户的关注和点赞。

图2-3

- 美食：美食领域的短视频内容以美食制作、美食展示和试吃3个方向为主，其细分方向包括菜谱、烹饪技巧、小吃、酒、饮品、水果、蔬菜、甜品、西餐和海鲜等。

- 才艺展示：才艺展示领域的短视频内容包括唱歌、跳舞、运动、乐器演奏、画画和茶艺展示等。

- 游戏：游戏领域的短视频内容形态主要分为计算机游戏和手机游戏两个方面，主要内容包括各种类型的游戏视频、游戏直播、游戏解说和游戏达人的日常生活等。

- 产品评测：产品评测领域的短视频内容主要通过拆箱的形式，加上真人试验产品的质量以及介绍使用办法，吸引用户的关注并给用户留下较好的印象，甚至激发用户的购买欲望。图2-4所示为产品评测短视频，该短视频内容主要是以开箱展示产品，然后亲身体验的方式来进行产品评测。

图2-4

↘ 2.4.2 确定短视频内容表现方式

短视频内容的表现方式多种多样，短视频创作者可以根据制作方式和内容主体的不同来选择短视频表现方式。短视频内容表现方式主要有以下5种。

- 真人解说：真人解说是常见的短视频内容表现方式，这种表现方式通常是通过真人（可选择出镜或者不出镜）向用户讲解各种知识，包括特定领域的专业性内容或对热点事件的分析，为用户提供有价值的内容，并吸引用户关注和转发，提升短视频的播放量。由于这种表现方式多是对已有素材（图片或者视频）的照搬或者稍加改进，所以被很多短视频新手应用。但需要注意的是，如果想获得更多用户的关注，就需要在解说的基础上突出个人特色，形成自己的独特风格。另外，还要着重注意版权问题，未经授权擅自挪用他人视频进行二次加工并获取商业利益的行为属于侵权行为。

- 微纪录片：微纪录片是以真实生活为创作素材，以真人真事为表现对象，并对其进行艺术加工，以展现真实为本质，并用真实引发人们思考的一种短视频内容表现方式。与传统的长纪录片相比，微纪录片内容更加紧凑，而且时长更短，通常在几分钟到十几分钟。

- 图文拼接：在很多短视频平台中，有许多以图片和文字为主要内容，并辅以背景音乐的短视频。这些短视频通常使用短视频平台自带的视频模板，将图片和文字添加到其中制作而成。这种短视频内容表现方式就是图文拼接。图文拼接的短视频是所有短视频内容表现方式中最简单的一种，如图2-5所示。

- 故事：短视频内容中出现有新意、有创意的故事总是能够吸引用户的关注，特别是具备正能量且能够引起用户共鸣的系列短视频非常受欢迎。图2-6所示为通过配音和文案将宠物拟人化，以第一人称来讲述故事的短视频。

图2-5

图2-6

- Vlog：Vlog是目前很热门的短视频内容表现方式之一，短视频创作者通过自然、实在的叙述来展示自己的日常生活。旅游见闻、日常饮食和工作等，都是Vlog的热门内容。

↘ 2.4.3 确定短视频内容风格

短视频创作者在选择好短视频内容表现方式后，还需要确定短视频内容风格。现在比较流行且容易获得用户关注的短视频内容风格主要有以下4种。

- 幽默搞笑风格：幽默搞笑风格的短视频内容主要是通过反转和冲突来吸引用户的关注，可以满足用户休闲娱乐、释放压力、获得快乐的精神需求。其制作和拍摄都比较简单，所以很多短视频行业的新手会创作这类风格的内容。
- 轻松活泼风格：轻松活泼风格的短视频内容可以营造一种轻松愉悦的氛围，让用户在放松的状态下接收短视频信息。这是目前比较受欢迎的一种短视频内容风格。
- 严肃稳重风格：严肃稳重风格的短视频内容一般通过真人出镜来营造一种严肃的氛围，使用户产生信任感。
- 朴实自然风格：朴实自然风格的短视频内容常以日常生活中的普通场景为基本素材，蕴含着人类质朴的情感，通过原生态、接地气的内容体现出市井烟火、人间百态，以满足用户精神上的需求。图2-7所示的短视频通过朴实的画面和柔和的配乐，营造出一种自然温馨的氛围，因此深受用户喜爱。

图2-7

↘ 2.4.4 提升短视频内容创意

短视频的内容质量是短视频的生存之本，而要提高短视频的内容质量，创意必不可少。提升短视频内容创意可以从以下4个方面入手。

- 讲好故事：广为传播的创意短视频通常都有一个共同点，即具有故事性。因此，要让短视频内容具有创意，就要会讲故事，通过讲述具有代表性的故事来吸引用户的注意力。例如，在枯燥无味的知识讲解短视频内容中增加一些故事情节，让整个短视频内容更加生动形象，区别于其他同类短视频。

- 内容反转：将短视频内容进行反转，利用反差制造出强烈的冲突，以形成戏剧效果，常见的有剧情反转、人物形象反转、人物身份反转等方式。例如，某美妆主播发布的短视频中，通过设计不同的剧情，体现人物外在形象的巨大反差。
- 运用创新技术：在短视频中运用一些大数据技术、人工智能技术、增强现实技术、虚拟现实技术等创新技术，带给用户强烈的沉浸感，创造更加真实的互动体验，增强趣味性和观看体验。
- 结合市场热点：了解当前社会热点事件或流行趋势，将其融入短视频内容中。例如，在有大型国际赛事或文化节日的时候，可以制作相应主题的短视频内容，以吸引用户的注意，同时也可以提高用户参与度，增加短视频的传播度和影响力。

2.5 短视频脚本设计

短视频脚本是介绍短视频的详细内容和具体拍摄工作的说明书。短视频创作者要设计出符合要求的短视频脚本，需要熟悉短视频脚本的类型和写作思路，掌握短视频脚本的设计技巧。

↘ 2.5.1 短视频脚本的类型

短视频脚本通常分为提纲脚本、分镜头脚本和文学脚本3种，分别适用于不同类型的短视频。

1. 提纲脚本

提纲脚本涵盖对主题、题材形式、风格、画面和节奏的阐述，对拍摄只能起到提示作用，一般不限制团队成员的工作，可让摄像有较大发挥空间，适用于一些不容易提前掌握或预测的内容。提纲脚本主要包括提纲要点和要点内容两个项目。表2-2所示为《小猫咪的生活日常》短视频的拍摄提纲脚本。

表 2-2

提纲要点		要点内容
主题		小猫咪的生活日常
画面	小猫咪起床	拍摄小猫咪躺在床上，慢慢地睁开眼睛（以近景镜头为主）的画面，以及小猫咪伸了一个懒腰，然后跳下床的画面
	小猫咪吃饭	拍摄将猫粮倒在猫碗中，然后多只小猫咪抢着吃猫粮的画面（以中景和近景镜头为主）
	小猫咪玩耍	拍摄小猫咪在地上玩耍、追逐玩具的画面，以及跳到主人腿上，开始撒娇的画面（以中景和近景镜头为主）
	小猫咪休息	拍摄小猫咪在床上、沙发上、猫窝休息的画面

2. 分镜头脚本

分镜头脚本的内容较精细，能够表现短视频的前期构思和内容创作阶段对视频画面的构想，可以将文字内容转换成用镜头直接表现的画面，因此，撰写分镜头脚本比较耗费短视频创作者的时间和精力。通常分镜头脚本的主要项目包括镜号、景别、运镜方式（镜头运用）、画面内容、时长、台词和音效等。有些专业短视频团队撰写的分镜头脚本还会涉及摇臂使用、灯光布置和现场收音等项目。分镜头脚本就像短视频的操作规范一样，摄像能够根据脚本进行画面拍摄，剪辑人员也能依据脚本进行画面合成和剪切。表2-3所示为《制作西瓜气泡水》短视频拍摄的分镜头脚本。

表 2-3

镜号	景别	运镜方式	画面内容	时长/秒
1	中景	固定镜头	先拍摄操作环境，然后让模特抱着一个西瓜走到桌边，将西瓜放到案板上，再拿起一把西瓜刀	8
2	近景	固定镜头	拍摄模特切西瓜的画面（镜头聚焦在模特的手上和西瓜上）	6
3	近景	拉镜头	模特将切好的西瓜块倒进透明玻璃碗里（俯拍角度）	5
4	近景	固定镜头	拍摄模特使用夹子将西瓜块夹到透明杯子里，并加入汽水的过程（平拍）	5
5	特写	移镜头	从下往上拍摄气泡随着汽水变多且慢慢上升的画面	5
6	特写	固定镜头	拍摄模特在杯子上方加入一片薄荷叶的画面	3
7	特写	摇镜头	展示西瓜气泡水的最终成品	3
8	近景	固定镜头	拍摄模特将西瓜气泡水拿走的画面	4
9	中景	固定镜头	拍摄模特拿走气泡水边喝边看书的画面	4

总时长：43秒

高手秘技

分镜头脚本除了纯文字类，还有图文集合类。图文集合类分镜头脚本由脚本撰写人员或者专业的分镜师负责，其和编剧或导演沟通后整理意见，绘制出导演心中的成片画面，并在其中添加一些必要的文字内容。这种类型的分镜头脚本的主要项目通常包括镜号、景别、画面、内容和对话等。其中，画面项目是绘制的分镜图画，一般是16∶9的矩形框；内容则是对画面的文字描述以及补充说明。

3. 文学脚本

文学脚本类似于电影剧本，以故事开始、发展和结尾为叙述线索。文学脚本通常需要写明短视频中的主角需要做的事情或任务、所说的台词和整个短视频的时长等。文学脚本采用线性叙事，主要项目通常包括脚本要点和主要内容两个部分，其中脚本要点包括短视频的名称、演员和时长，以及重要的3个场景（场景通常对应剧情的开始、经过和结尾3个主要结构）。文学脚本可以视为简化版的分镜头脚本。扫描右侧的二维码即可查

知识链接：
《好友的不同
生活》文学脚本

看《好友的不同生活》文学脚本。

👉 **高手秘技**

文学脚本通常可以把短视频的内容当成一条基本的故事线加以戏剧化，有一个明确的开始、经过和结尾。通俗地讲，文学脚本就是把短视频内容分为3个部分：开始部分用来介绍短视频的主角，以及故事的背景等内容，主要用来吸引用户的注意力；经过部分用于设置冲突，因为戏剧的基础就是冲突，根据开始部分介绍的角色需求设置障碍，从而产生冲突；结尾部分则是故事的结局，如果出现转折、反转或者颠覆，能产生很好的戏剧效果。

⬊ 2.5.2 短视频脚本的写作思路

一个好的短视频脚本有助于创作出一个有意义、引人入胜的短视频，从而吸引更多用户的关注。要想撰写出高质量的短视频脚本，可以按照以下思路进行。

1. 主题定位

短视频的内容通常都有一个明确的主题，主题是短视频的中心思想。例如，拍摄美食系列的短视频，就要确定是以制作美食为主题，还是以展示特色美食为主题；拍摄评测类的短视频，就要确定是以汽车评测为主题，还是以数码产品评测为主题。又如，以分享乡村生活为主的短视频账号，其内容始终围绕乡村生活这一选题展开。但是每个短视频的主题不同，具体内容有所差别，有的内容是田间耕种，有的内容仅仅是展示一顿饭的制作过程，还有的内容是乡邻日常聊天等。所以，短视频创作者在撰写脚本时，首先应确定要表达的主题，然后再开始脚本创作。

👉 **高手秘技**

短视频创作者在写作短视频脚本时，可以在确定主题的基础上，直接利用一些常见的脚本模板，这样既能提高工作效率，又可以借鉴优秀短视频的优点。专业的脚本创作和展示网站较多，这里以抖查查为例。

（1）在抖查查首页单击"工具"列表中的 广告脚本素材 按钮。

（2）打开"广告脚本素材"页面，选择任意一个脚本选项，可在打开的对话框中查看该脚本的简介。

（3）单击 下载脚本 按钮，可查看短视频脚本的具体内容。

---

2. 框架搭建

做好前期准备工作后，短视频创作者就可以开始搭建短视频的内容框架。搭建内容框架的主要工作就是要想好通过什么样的内容细节以及表现方式来展现短视频的主题，包括人物、场景、事件以及转折点等，并在脚本中做出详细的规划。在这一环节中，人物、场景、事件、镜头运用、景别设置、内容时长和背景音乐等都要确定。

3. 细节填充

短视频内容的质量很多时候体现在一些细节上，可能是一句打动人心的台词，也可能是某件唤起用户记忆的道具。细节最大的作用就是加强用户的代入感，调动用户的情绪，让短视频的内容更有感染力，从而获得用户的关注。在短视频脚本中明确台词、影调、道具等细节，有助于提高拍摄和剪辑工作的效率。

- 台词：短视频中，台词非常重要，短视频创作者在创作脚本时应该根据不同的场景和镜头设置合适的台词。台词是为了镜头表达准备的，可以起到画龙点睛、加强人设、助推剧情、吸引用户留言和增强用户黏性等作用。因此，台词应精练、恰到好处，并能够充分表达内容主题。例如，60秒的短视频，台词尽量不要超过180个字符。
- 影调：影调是指画面的明暗层次、虚实对比和色彩的色相明暗等之间的关系，影调应根据短视频的主题、类型、事件、人物和美学倾向等综合因素来决定。短视频创作者在创作脚本时应考虑画面运动时影调的细微变化，以及镜头衔接时的色彩和节奏。简单地说，就是用影调来配合短视频的主题，如冷调配合悲剧，暖调配合喜剧等。
- 道具：在整个短视频中，好的道具不仅能够起到助推剧情的作用，还有助于人设的树立，以及优化短视频内容的呈现效果。可以说，道具的选择会在很大程度上影响短视频发布后的流量曝光、短视频平台对视频质量的判断、用户的点赞量和互动量。道具的细节越完善，越有助于提高短视频的完播量，但道具只能起到画龙点睛的作用，不能抢了短视频内容主体的风头。

↘ 2.5.3　短视频脚本设计技巧

创作短视频就像盖房子一样，脚本的作用就相当于施工方案，将创意转化成镜头语言。所以，短视频创作者在创作短视频的过程中，一定要重视脚本的撰写工作。下面介绍7个撰写短视频脚本的实用技巧。

- 注意内容的安排：短视频需要在一开始就吸引用户的注意力，也就是当用户看到本短视频时，在5秒之内抓住其注意力。因此，短视频创作者在写作脚本时需在开头设置一个能抓住用户眼球的点，可以是视频画面、人物动作、音效或特效等。后面的视频内容只要按照正常节奏展现，或者再适当加入亮点或者反转，基本上能让用户将整个短视频看完。网络中比较热门的短视频的节奏通常是前5秒吸引用户注意力，在进行到2/3处加入亮点或者反转，结束的时候引发用户互动。
- 故事情节尽量简单易懂：在短视频内容的甄选上，首先，不要太复杂，尽量不要让用户费心思地去思考；其次，简单的逻辑简单呈现；最后，利用短视频标题对内容做补充说明。情景短剧类短视频尤其需要做到简单易懂，否则会导致用户因无法理解而放弃观看。
- 适当添加音效与背景音乐：背景音乐有助于引导用户的情绪，合适的音效则会增加短视频内容的趣味性，提升用户的观看体验。因此短视频创作者在撰写脚本时，可写明短视频的音效与背景音乐。

- **合适的视频时长**：短视频的时长也需要在脚本中明确，目前主流短视频的时长通常在1分钟以内。随着时长的增加，用户观看短视频的耐心会减少，对短视频内容质量和节奏的要求会提高。新手短视频创作者在撰写脚本时应把短视频的时长控制在30秒至1分钟。

- **设计转场**：转场是后期剪辑的工作，转场能让整个短视频的画面衔接流畅。常见的短视频转场样式包括用橡皮擦擦除画面、手移走画面、淡化和弹走画面等。短视频创作者在脚本中设计转场，可以减轻剪辑人员的工作负担，并提升短视频的画面品质。

- **内容有反差**：观看短视频的用户通常没有耐心等待漫长的铺垫，所以，短视频创作者设计短视频脚本时，可以安排一些反转、反差或者一些很令人疑惑的情节。

- **借助热点**：在脚本中借助热点是让短视频快速获取流量的一个便捷方法。短视频创作者在设计脚本时可将当前短视频领域的热点设置为主题，然后根据主题进行创作，也可以在脚本中添加与热点相关的关键词。注意在借助热点时要进行一定的创新性，不然同质化的内容太多，会导致用户产生审美疲劳。

【案例分析】

百草味的短视频营销

百草味是国内有名的休闲零食品牌之一，是一个以休闲食品研发、加工、生产、销售、仓储、物流为主体，集互联网商务经营模式、新零售为一体的渠道品牌和综合型品牌。作为当前互联网食品的知名品牌，百草味的崛起除了与其精准的市场定位和发展策略有关外，还依赖于其高超的短视频营销手段。

百草味的短视频营销非常有亮点。早在2018年，百草味就凭借短视频《有你陪伴才是年》获得业内杰出营销短视频奖项。该短视频在春节期间发布，通过带有反转的剧情提醒大家：春节回家要多与父母交流、沟通。在该短视频中，坚果作为纽带，拉近了年轻人与父母之间的距离。百草味很好地将产品融入剧情之中，并成功地为相关产品引流，取得了很好的口碑和营销效果。

百草味的目标用户是18～35岁的消费群体，他们更注重产品的外观、质感和理念，因此，百草味在快手发布了多个以情景短剧形式来展示产品的短视频，如图2-8所示。这些短视频内容大都是针对年轻用户较为关注的话题，内容形式为故事，同时还将百草味的产品巧妙地植入短视频中，十分富有创意，大大提升了用户对官方账号的关注度。

上网搜索以上案例，查看百草味的相关短视频，然后回答以下问题。

（1）从《有你陪伴才是年》短视频来看，百草味是如何根据用户定位来策划短视频的？

（2）百草味在快手发布的短视频的内容策划有何特点？

图2-8

【任务实训】

↘ 实训1——策划宠物短视频

1. 实训背景

小李组建了一个3人的拍摄团队（小李担任导演，负责整体策划方案；同事小光担任摄像；同事小美负责布置场地、准备道具等），准备运营一个宠物短视频账号。

2. 实训要求

先进行用户和内容定位，然后策划短视频的选题和内容。

3. 实训思路

（1）用户定位。小李考虑到运营的短视频账号基本没有粉丝，因此前期目标以吸引用户关注为主。他首先将观看宠物短视频用户的基本需求确定为休闲娱乐（观看各种宠物短视频，满足爱宠人士的精神消遣），接着在抖查查中收集了宠物短视频账号的用户信息，并形成用户画像。

（2）内容定位。小李查看了各大短视频平台较热门的宠物短视频，并对这些短视频进行分析和研究，发现宠物类短视频细分领域主要有日常生活分享、喂养技巧分享等。小李根据自己的特长确定将介绍宠物日常生活作为短视频内容。

（3）策划短视频的选题。由于能够与宠物关联的热点事件较少，且不容易控制宠物的行为，因此小李建立了一个常规选题库，并选择了"干饭猫的日常"作为短视频的选题。

（4）策划短视频的内容。小李围绕选题来策划内容。为了让内容更有吸引力，小李选择以故事为主的短视频表现方式，拍摄一些猫咪吃饭的日常视频，经过剪辑将其制作为一个有故事性的短视频。考虑到猫咪的性格比较机灵好动，小李将短视频内容风格确定为轻松活泼风格。为了让短视频更有真实性，更能让用户感同身受，小李打算将宠物拟人化，通过点评各种宠物食品的口感来提升创意。

实训2——撰写美食短视频的提纲脚本

1. 实训背景

某美食短视频账号发布的短视频内容以制作美食为主，不涉及真人出镜，没有太多的剧情，也不会涉及文学创作，近期准备拍摄《家常咖喱鸡》短视频。

2. 实训要求

以短视频创作者的身份，为该美食短视频账号撰写一个《家常咖喱鸡》的短视频提纲脚本，根据撰写短视频脚本的常见思路进行创作，要求根据制作咖喱鸡的流程合理安排各个镜头。

3. 实训思路

（1）本短视频的主题是菜品制作，属于美食制作或知识技巧类型的短视频，以拍摄制作过程为主。

（2）本短视频的主要内容是展现准备食材、烹饪过程，展现成品等，以让用户通过短视频能够学会咖喱鸡的制作方法。本短视频的拍摄思路是重点围绕这些内容，将从食材准备到最终成品展示的所有环节呈现出来。

（3）确定提纲脚本的主要项目，包括提纲要点和要点内容两个部分。

（4）撰写脚本，如表2-4所示。

表2-4

提纲要点		要点内容
主题		咖喱鸡的制作过程
画面	展示所有食材和配料	鸡、土豆、胡萝卜、洋葱、大葱、姜、蒜、咖喱
	处理鸡肉	（1）把鸡肉切成小块； （2）鸡肉装盘，加入料酒、盐和胡椒粉，抓拌均匀，腌制10分钟
	准备辅料	（1）土豆、胡萝卜、洋葱全部切成小块； （2）大葱、姜、蒜切片
	鸡肉焯水	（1）鸡肉冷水下锅，放入料酒； （2）水开两分钟后捞出鸡肉
	炒制鸡肉	（1）起锅烧油； （2）油热后放入切好的大葱、姜、蒜，翻炒； （3）倒入鸡肉翻炒，并添加盐和生抽
	加入辅料	加入土豆、胡萝卜、洋葱，继续翻炒
	加水炖煮	（1）加入清水炖煮； （2）土豆软烂后，加入咖喱，炖煮收汁
	成品装盘	将做好的咖喱鸡装盘展示

【思考与练习】

一、填空题

1. 专业的短视频团队主要由导演、编剧、_____、_____、_____、_____和辅助人员7种职能人员组成。

2. _____主要通过文字的引导提升短视频的完播、点赞量和转发量，进行用户反馈管理、粉丝维护和评论维护。

3. _____是指拍摄短视频时所依据的大纲，它体现短视频内容的发展方向。

4. 短视频脚本的类型主要有_____、_____和_____。

5. 短视频选题策划的原则有_____、_____、_____和_____。

二、单选题

1. 在专业的短视频团队中，（　　）主要负责统领全局，把关短视频创作的每一个环节。

    A. 导演　　　　B. 演员　　　　C. 运营　　　　D. 编剧

2. 运营包括发布短视频、推广短视频和（　　）3个步骤。

    A. 拍摄短视频　　　　　　　　B. 数据统计

    C. 确定选题　　　　　　　　　D. 编辑和整理所有视频素材

3. 短视频创作者创建（　　）就是将身边的人、事、物，以及每天接收到的外部信息，通过比较价值的大小将优秀的选题素材筛选、整理。

    A. 选题库　　　B. 知识库　　　C. 干货　　　　D. 案例库

4. （　　）脚本涵盖对主题、题材形式、风格、画面和节奏的阐述，对拍摄只能起到提示作用，一般不限制团队成员的工作，可让摄像有较大发挥空间。

    A. 分镜头　　　B. 提纲　　　　C. 大纲　　　　D. 文学

三、简答题

1. 简述短视频团队的工作流程。

2. 简述短视频脚本的写作思路。

3. 什么是分镜头脚本？分镜头脚本的主要项目一般包括哪些？

四、操作题

1. 现有一个两人组短视频团队，准备打造一个内容独特的美食短视频账号来传播美食文化。要求先进行用户和内容定位，再策划短视频的选题和内容。

2. 以"颐和园一日游"为主题，撰写一个提纲脚本。

第**3**章
短视频拍摄

【引导案例】

　　古诗词是中国人独有的浪漫，也是我国民族文化宝库中一颗璀璨的明珠。OPPO围绕全新影像旗舰机"Find X6"这款新品，发布了3个短视频。短视频以"影像之间，如临诗境"为主题，以古诗词为楔子，用壮美的视频画面将用户带入诗词场景中，让人产生身临其境的感觉。短视频采用了远景、全景、中景、近景、特写多种景别，通过多种运镜方式和构图技巧展现了沙漠、山海、竹林场景，从而突出产品强大的影像功能，同时也传达出了古诗词韵味。

【学习目标】

➤ 了解短视频的拍摄准备内容。
➤ 掌握相机的设置方法。
➤ 掌握短视频的拍摄技巧。

3.1　拍摄准备

"工欲善其事，必先利其器。"短视频拍摄也是如此，只有做好充分的拍摄准备，才能拍摄出高质量的短视频。

3.1.1　拍摄器材

目前而言，短视频创作者常用的拍摄器材主要有3大类，即智能手机、数码相机和无人机，这3类设备各有优势。

1. 智能手机

随着科技的不断发展，智能手机成为人们生活中必不可少的设备。许多智能手机自身配备强大的摄影功能，无论是清晰度还是画质效果等，都可以满足人们拍摄短视频的需求。使用智能手机拍摄短视频的优缺点如下。

- 优点：使用智能手机拍摄不用另外购买拍摄器材，节约拍摄成本。智能手机小巧轻便，不仅便于携带、操作方便，而且能够实现随想随拍，如图3-1所示。同时，智能手机便于短视频创作者进行各种角度的拍摄。图3-2所示为利用智能手机进行低角度微距拍摄。另外，智能手机上安装的各种App，有利于短视频的后期剪辑和分享。

图3-1　　　　　　　　　　　　　　图3-2

- 缺点：智能手机传感器面积小，因而成像质量整体上不如专业的数码相机。另外，智能手机的焦距不够长，变焦拍摄会影响成像质量，而且景深效果也不够好。

> ✍ **高手秘技**
>
> 目前，大多数智能手机都没有真正意义上的光学变焦功能（利用光学镜头实现变焦），而是通过数码变焦的方式来调整焦距。数码变焦的原理是通过手机的处理器，把图片内的每个像素面积增大，从而达到放大拍摄对象的目的。因此使用智能手机拍摄时，稍微进行变焦操作就会发现成像质量明显下降。所以，使用智能手机拍摄短视频时，尽量不要使用变焦拍摄。

2. 数码相机

数码相机是一种利用电子传感器把光学影像转换成电子数据的拍摄器材。它的成像质量比智能手机高，对于追求高画质的短视频创作者而言，是非常有用的短视频拍摄工具。一般来说，数码相机主要有单反相机、微单和运动相机3种。

- 单反相机：单反相机即单镜头反光式取景照相机。所谓单镜头，是指摄影时的曝光光路和取景光路共用一个镜头。单反相机成像质量较高，短视频创作者可以根据需要切换不同的镜头，能够满足短视频拍摄的不同需要。图3-3所示为佳能某款单反相机的不同角度的实物图。

图3-3

- 微单：微单指的是微型可换镜头式单镜头数码相机。微单与单反相机相比，体积更小巧，便于携带，同时可以像单反相机一样更换镜头，并具备与单反相机相同的画质。从硬件上来看，微单取消了单反相机的反光板、独立的对焦组件和取景器。图3-4所示为几款不同品牌的微单。

图3-4

- 运动相机：运动相机是一种专用于记录运动过程的相机，常以运动者的第一视角进行拍摄。运动相机体积小、重量轻、易携带、支持长时间广角且高清的视频录制，广泛应用于冲浪、滑雪、极限自行车、跳伞、跑酷等极限运动视频的拍摄。图3-5所示为运动相机以及用运动相机拍摄的滑雪画面。

图3-5

3. 无人机

无人机是一种通过无线电遥控设备或机载计算机控制系统来操控的不载人飞行器。使用它可以航拍地面，能够轻易拍摄出极具视觉震撼力的短视频。例如，中央电视台纪录频道推出的《航拍中国》系列纪录片，其中的每一个镜头都是使用无人机拍摄的，取得了不错的效果。图3-6所示为无人机及无人机航拍的画面。

图3-6

↘ 3.1.2 辅助设备

为了让短视频的拍摄效果更好，短视频创作者还需要准备一些辅助设备，包括保证视频画面稳定的稳定设备、为拍摄提供辅助光亮的灯光设备和录制现场声音的收音设备。

1. 稳定设备

稳定设备是指能够保持拍摄器材的稳定，使视频画面不产生不必要的抖动的设备。通常情况下，保持视频画面的稳定是非常有必要的。常见的稳定设备主要有手持稳定器、三脚架、滑轨等。

- 手持稳定器：手持稳定器可以解决手持手机或相机拍摄产生的画面抖动、模糊等问题，如图3-7所示。其还具有精准的目标跟踪拍摄功能，可以跟踪并锁定人脸或其他拍摄对象，在运动拍摄、全景拍摄、延时拍摄等场景都能派上用场。
- 三脚架：三脚架是一种常见的稳定设备，智能手机、数码相机都可以放置在专门的三脚架上加以固定，如图3-8所示。短视频创作者在选择三脚架时，首先要考虑的因素是稳定性。

图3-7　　　　　　　　　图3-8

● 滑轨：滑轨是左右或上下平移拍摄器材的实用稳定设备，它可以提供直线或曲线的拍摄轨道，将智能手机或相机架设在轨道上就能实现移动拍摄，如图3-9所示。许多电影、电视节目的拍摄都会用到滑轨，使用滑轨拍摄能制作出媲美电影、电视画面效果的短视频。

图3-9

2. 灯光设备

灯光设备是必不可少的辅助设备，利用其可以构建短视频的布光环境，使短视频呈现出良好的光影效果。

● 摄影灯：短视频拍摄中用到的摄影灯较多，如LED灯、卤素灯等，各种摄影灯的使用场景也不相同。例如，LED灯的寿命长、能耗低，适用于各种需要光源的场景；卤素灯亮度高，光线刺眼，在使用时容易产生热量，因此需要注意散热，适用于需要瞬间强烈照明或集中照射的场景。

● 便携灯：便携灯泛指那些轻巧实用，可以手持使用的摄影灯。便携灯虽然不如摄影灯专业，但可以满足拍摄场景对光源的基本需求，其最大的作用在于可临时布光。

摄影灯和便携灯如图3-10所示。

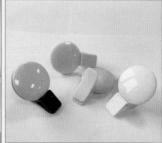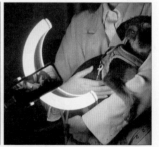

图3-10

● 柔光箱：将柔光箱套在摄影灯上，可以使光源发出的光线更加柔和，并能有效消除视频画面中的光斑和阴影。柔光箱如图3-11所示。

● 反光板：反光板多用于布置辅助光源，当需要消除拍摄对象的阴影区域时，短视频创作者可以使用该设备将摄影灯或太阳等的光线反射到拍摄对象上。反光板如图3-12所示。

- 反光伞：反光伞不仅可以起到反光的作用，还能柔化光线。当用强光灯照射伞内时，散射出的光线会变得柔和。其作用类似于柔光箱，但比柔光箱更便于携带。反光伞如图3-13所示。

图3-11

图3-12

图3-13

👉 **高手秘技**

除上述灯光设备外，有时为了人为控制光影效果，一些短视频创作者还会在光源上添加柔光罩或束光筒等设备。柔光罩是一种半透光的白布，将其套在灯头上可以形成散射光并消除阴影，而且消除阴影的效果相较于柔光箱更好。束光筒与柔光罩的作用相反，将其安装在灯头前，可以达到聚光的效果。

3. 收音设备

在拍摄短视频的过程中，相机或智能手机等拍摄器材自带的收音功能效果有限，为了提升收音效果，短视频创作者可以添置专门的收音设备。目前市场上的收音设备很多，其中较常用的是枪式话筒、领夹式话筒。

- 枪式话筒：枪式话筒（见图3-14）在户外拍摄时十分实用，可以安装在数码相机上，对准声源方向收录声音，收录效果较好。
- 领夹式话筒：领夹式话筒可以夹在拍摄对象的身上，或者靠近拍摄对象收录高质量的声源，如图3-15所示。

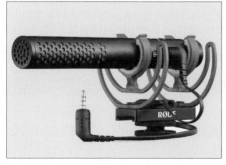

图3-14

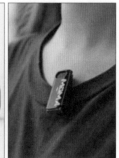
图3-15

↘ 3.1.3　场景和道具

除了拍摄器材与辅助设备外，场景和道具也是短视频创作者在创作短视频时不能忽略的要素。契合短视频风格的场景和道具可以触动用户的内心，引起用户共鸣。

1. 场景

短视频拍摄场景有室内和室外之分。对于室内场景而言，短视频创作者前期进行短视频拍摄时，应尽量选择符合拍摄风格且容易使用的场景，如学校宿舍、家庭住房等，如图3-16所示。这类场景通过简单布置就能满足短视频拍摄的需求，若这类场景无法满足需求，就可以考虑租用或搭建专门的拍摄场景，如健身房、舞蹈室、办公室、教室等。在使用商场等营利性室内公共场地时，短视频创作者要提前和场地运营方沟通好拍摄流程与手续，避免未经允许拍摄而造成损失。

室外场景大多属于公共场所，因此不存在租用的问题。短视频创作者在选择室外场景时，一定要选择与视频内容相契合的场景，同时要综合考虑天气、安全、是否影响周围环境、是否有违公序良俗等问题。图3-17所示为在室外场景拍摄风景。

图3-16

图3-17

2. 道具

道具的种类五花八门，生活、学习、工作中使用的各种实物都可以作为道具。需要注意的是，道具的应用要自然、合理，不能喧宾夺主，过分吸引用户的注意力。短视频拍摄中常用的道具有以下两种。

- 陈设道具：陈设道具是根据短视频内容需要而布置在场景中的道具，如居家住所中的各种家具和家用电器。
- 主题道具：主题道具是直接参与短视频或与拍摄对象动作直接发生联系的戏用道具。其功能是修饰拍摄对象的外部造型、渲染场景的气氛，以及串联内容情节、深化主题等，如猫粮广告中植入的产品就属于主题道具。

↘ 3.1.4　演员和资金

在短视频创作和筹备过程中，还有演员和资金这两个重要因素需要考虑。这两个因素不仅会影响短视频的拍摄，还会影响后续短视频的运营。

1. 演员

除拍摄一些商业短视频外，短视频演员大多是非专业的。短视频创作者通常要根据短视频的主题选择演员，要选出能充分体现短视频脚本中人物形象显著特点的演员。另外，很多短视频都是一个主角加多个配角共同演绎，可以由主角一人分饰多角或者由工作人员客串，让某一个人频繁出现，从而加强用户的记忆。

> **高手秘技**
>
> 　　除了选择合适的演员外，还要注意演员穿着的服装、佩戴的饰品以及脸部的妆容等，合适的服装、饰品、妆容能为短视频增光添彩，使画面看上去更加专业、更具美感。当然，在设计服饰和妆容时，短视频创作者要注意避免设计奇装异服以及容易引发争议的妆容等。

2. 资金

拍摄短视频还需要资金的支持。如果是个人拍摄短视频，只需要考虑购买拍摄器材和辅助设备，以及个人服装和道具的成本，还有时间成本；如果是团队拍摄短视频，则需要准备更多的资金用于购买或租赁器材、服装、道具和场地，以及雇用演员和工作人员，还有支付其他费用。例如，拍摄过程中可能需要为某些人员购买保险，发布短视频获得收益后可能需要缴纳税费，以及购买原创脚本需要支付版权费用等。

总之，无论是个人还是团队拍摄短视频，都需要一定的资金支持，这就需要短视频创作者在短视频策划和筹备阶段提前做好资金的计划和筹措工作，为接下来的拍摄、剪辑和营销推广做好充分准备。

3.2　相机设置

了解了各种短视频拍摄器材与辅助设备后，短视频创作者还有必要掌握相机的基本设置方法，以便在短视频拍摄期间更加得心应手。由于在智能手机中设置相机的操作比较简单，而且每款智能手机相机设置的差异较大，这里主要以佳能EOS 5D Mark IV单反相机为例进行介绍。

↘ 3.2.1　设置视频格式

目前市面上大多数单反相机都具有视频拍摄功能，而不同品牌所使用的视频格式也不尽相同，常见的视频格式主要有MOV和MP4。

- MOV：MOV是QuickTime格式下的视频格式，文件的后缀名为".mov"。MOV格式支持25位彩色和领先的集成压缩技术，提供150多种视频效果，并配有200多种MIDI兼容音响和设备的声音装置，无论是在本地播放还是作为视频流格式在网上传播，都是一种优良的视频编码格式。
- MP4：MP4（MPEG-4）是一种标准的数字多媒体容器格式，其文件后缀名为".mp4"，主要以存储数字音频及数字视频为主，也可以存储字幕和静止图像。

在不同相机中设置视频格式的方法尽管有所区别，但大致相同，具体操作如下。

（1）将相机调整到视频模式，在相机上按"MENU"按钮，进入菜单界面，选择"4"选项卡中的"短片记录画质"选项，如图3-18所示。

43

（2）进入"短片记录画质"界面，选择"MOV/MP4"选项，在打开的列表中选择"MOV"或"MP4"作为需要的视频格式，如图3-19所示。

图3-18   图3-19

↘ 3.2.2 设置视频分辨率和帧频

在拍摄短视频时，视频分辨率和帧频对视频画面质量的影响是不可忽视的。因此，在拍摄之前，需要合理设置参数。

1. 视频分辨率

视频分辨率指的是视频图像在一个单位尺寸内的精密度，它决定了视频图像细节的精细程度，是影响短视频质量的重要因素之一。通常短视频在时长相同的情况下，分辨率越高，所包含的像素就越多，视频画面就越细腻、越清晰，但同时也会增加短视频占用的存储空间；而分辨率越低，所包含的像素就越少，视频画面就越粗糙，但相应的短视频所占储存空间会减少。

常见的视频分辨率主要有480P、720P、1080P、4K。

- 480P（标清分辨率）：480P的分辨率通常为640像素×480像素，属于比较基础的分辨率。使用480P拍摄的短视频画质较差，清晰度一般，占手机内存小。
- 720P（高清分辨率）：720P的分辨率通常为1280像素×720像素。使用720P拍摄的短视频比用480P拍摄的短视频画质更加清晰。
- 1080P（全高清分辨率）：1080P的分辨率通常为1920像素×1080像素，是目前大部分智能手机的通用分辨率，使用率较高。使用1080P拍摄的短视频清晰度较高，细节展示较清楚。
- 4K（超高清分辨率）：4K的分辨率通常为4096像素×2160像素。使用4K拍摄的短视频比前面几种更加清晰，可以看清短视频中的每一个细节，但同时文件大小也最大。

2. 帧频

帧频指每秒显示图片的帧数，单位为"帧/秒"。对短视频而言，帧频是指每秒所显示的静止帧格数。要想生成流畅、连贯的视频效果，要保证帧频不小于8帧/秒，即每秒至少显示8帧图片。电影的帧频一般为24帧/秒，国内电视的帧频一般为25帧/秒。理论上，捕捉动态内容时，帧频越高，视频画面越流畅，动作越清晰，短视频所占用的空间也越大。

在相机中可以设置不同的分辨率和帧频，以满足各种拍摄需求，具体操作如下。

（1）在相机的"短片记录画质"界面中选择"短片记录尺寸"选项，如图3-20所示。

（2）进入"短片记录尺寸"界面，任意选择一种视频分辨率，即可选择对应的帧频，如图3-21所示。

图3-20　　　　　　　　　　　　　　　图3-21

✍ 高手秘技

佳能EOS 5D Mark IV支持的帧频主要有119.9帧/秒、59.94帧/秒、29.97帧/秒、24.00帧/秒、23.98帧/秒（需设置"视频制式"为"NTSC"），100.0帧/秒、50.00帧/秒、25.00帧/秒、24.00帧/秒（需设置"视频制式"为"PAL"）。其中119.9帧/秒、100.0帧/秒为高帧频短片，需要在"短片记录画质"界面中选择"高帧频"选项，然后在"高帧频短片"界面中点击 启用 按钮，如图3-22所示。

图3-22

帧频对短视频的影响还在于播放时所使用的帧频。若将以8帧/秒拍摄的视频以24帧/秒的帧频播放，则是快放效果；反之，高帧频拍摄的短视频若以低帧频播放，则是慢放效果。

3.2.3　设置曝光

曝光是指拍摄对象反射的光线，通过相机镜头投射到感光片上，使之发生化学变化、产生潜影的过程。曝光过度会使视频画面太亮而丢失细节，曝光不足会导致视频画面太暗而不能清晰地显示图像。

1. 曝光模式

单反相机有众多曝光模式，这里介绍常见的曝光模式。

● 全自动曝光模式：该模式也被称为"傻瓜模式"。在该模式下，大多数设置由相机自动决定，无须人为设置光圈值与快门速度便可得到基本正常的曝光量。该模式是为最大限度地减少操作失误而设计的，因此，只能保证基本的拍摄效果，适合新手使用以及在紧急情况下抢拍使用。

● 程序自动曝光模式：该模式是由相机同时决定快门速度与光圈值的模式。该模式与全自动曝光模式相似，但在程序自动曝光模式下，短视频创作者能选择是否需要闪光灯，还能手动设置感光度、白平衡、曝光补偿等参数。

● 快门优先自动曝光模式：该模式是由短视频创作者决定快门的速度、相机决定光圈值的模式，与之相反的是光圈优先自动曝光模式。快门优先自动曝光模式是在手动定义快门的情况下，通过相机测光来获取光圈值。该模式优先考虑拍摄对象的动态影像，多用于抓拍运动中的物体，在体育运动拍摄中最为常用。

● 光圈优先自动曝光模式：该模式是比较常用的曝光模式。在该模式下，短视频创作者可通过手动设置光圈值来控制视频画面的景深，这不仅能够清晰地展示远近物体，还可达到虚化背景的效果。光圈优先自动曝光模式下，相机会依据光圈值自主选择快门速度，以达到适当的曝光时间。

● 手动曝光模式：该模式是任意对相机的光圈值与快门速度进行组合的曝光模式。该模式虽然比各种自动曝光模式的操作复杂，但是短视频创作者能自由设置光圈值与快门速度。

设置曝光模式的操作比较简单，只需在相机上按住曝光模式转盘（见图3-23）中间的按钮，然后旋转转盘到相应字母。在相机的液晶显示器中可看到所选模式，如图3-24所示。曝光模式转盘中，A$^+$代表全自动曝光模式（在佳能EOS 5D Mark IV中也称为场景智能自动模式），P代表程序自动曝光模式，Tv代表快门优先自动曝光模式，Av代表光圈优先自动曝光模式，M代表手动曝光模式，B代表长时间曝光模式，另外还有C1、C2和C3这3种自定义拍摄模式。

图3-23

图3-24

✍ 高手秘技

在拍摄某些明暗变化较大的短视频时，建议使用相机的手动曝光模式（M），这样可以更方便地单独控制快门、光圈、感光度等参数，并达到锁定曝光的目的，以免短视频的曝光因取景的变化而忽明忽暗，影响观看效果。

2. 曝光补偿

曝光补偿是短视频创作者对相机实际的曝光量进行调整，以得到准确曝光。数码相机的曝光补偿范围都相同，可以在−3～+3EV范围内调整。若环境光源偏暗，可增加曝光量来提升视频画面的清晰度。数码相机的曝光补偿"+"表示在所定曝光量的基础上增加曝光量，"−"表示减少曝光量，相应的数字是曝光补偿的值。

无论是正向曝光补偿还是负向曝光补偿，补偿的值越高，亮度变化越明显。短视频创作者可根据不同的需要来调整曝光补偿，具体操作如下。

（1）在相机上按"MENU"按钮，进入菜单界面，选择"2"选项卡中的"曝光补偿/AEB"选项，如图3-25所示。

（2）进入"曝光补偿/自动包围曝光设置"界面（或在相机上按 🔍 按钮，在打开的界面中点击"曝光补偿"图标），转动速控转盘调整曝光补偿参数，如图3-26所示。

图3-25

图3-26

✍ **高手秘技**

在程序自动曝光、快门优先自动曝光、光圈优先自动曝光这3种曝光模式下，曝光补偿一般默认为0，表示曝光正常。

↘ 3.2.4　设置快门速度

快门是用来控制感光元件曝光时间的装置，快门速度的单位是"秒"，一般用"s"表示。相机常见的快门速度范围是1/8000s～30s，即30s、15s、8s、4s、2s、1s、1/2s、1/4s、1/8s、1/15s、1/30s、1/60s、1/125s、1/250s、1/500s、1/1000s、1/2000s、1/4000s、1/8000s。相邻两档快门速度的曝光量相差约1/2。

快门的主要功能是控制相机的曝光时间，快门速度数值越小，曝光时间越短，相机的进光量就越少；反之，数值越大，曝光时间越长，相机的进光量越多。在光线较差的环境下拍摄时，使用较慢的快门速度，可增加曝光时间。另外，尽量使用三脚架稳定拍摄器材，避免相机发生抖动。

快门速度由拍摄对象的移动速度、移动方向、与相机的距离决定。

● 移动速度：拍摄对象移动速度快，就需要使用较快的快门速度抓拍其移动的瞬间（快门速度数值越大，曝光速度越慢；反之，快门速度数值越小，曝光速度越快），可以拍出具有动感的画面。

- 移动方向：拍摄对象的移动方向也是选择快门速度的一个参考因素。移动方向包括纵向、斜向和横向。横向的速度感较明显，纵向的速度感较弱。
- 与相机的距离：拍摄对象与相机的距离越近，运动感越明显，为了定格画面，需选择较快的快门速度；拍摄对象与相机的距离越远，其运动越不明显，此时可使用相对较慢的快门速度进行拍摄。

在相机中调整快门速度的方法大致相同，都需先在相机中调整曝光模式为手动曝光模式或快门优先自动曝光模式，再通过转动相机的主拨盘调整快门速度。使用佳能EOS 5D Mark IV单反相机则按 🔍 按钮，液晶显示器中会显示大部分相机参数设置的快捷方式，点击"快门速度"图标，如图3-27所示；在液晶显示器中可通过拖曳数值调整快门速度（或转动速控转盘），如图3-28所示。

图3-27

图3-28

✍ **高手秘技** ┄┄┄┄┄┄┄┄┄┄┄┄┄┄┄┄┄┄┄┄┄┄┄┄┄┄┄┄┄┄┄┄┄┄┄┄┄┄

与拍摄静态图片不同，一般在拍摄短视频时，如果快门速度过快，短视频就会有比较明显的卡顿感，如果快门速度过慢，短视频又会显得不够清晰。因此，在拍摄短视频时，建议将快门速度设置为拍摄帧频的2倍。例如，如果拍摄的视频分辨率为1080P，帧频为30帧/秒，那么快门速度则为1/60s。

↘ **3.2.5　设置光圈**

光圈是用来控制镜头孔径大小的部件，通常位于镜头的中央，可以控制圆孔的开口大小。在需要大量的光线进行曝光时，就放大光圈的圆孔；当仅需少量的光线进行曝光时，就缩小圆孔。

光圈的作用在于控制镜头的进光量，光圈大小常用"f+数值"表示，记作"f/"。常见的光圈大小有f/1.0、f/1.4、f/2、f/2.8、f/4、f/5.6、f/8、f/11、f/16、f/22、f/32、f/44、f/64等。图3-29所示为不同数值的光圈。

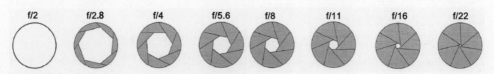
图3-29

在快门速度不变的情况下，f/的数值越大，光圈越小，进光量越少，可能导致曝光不足，视频画面较暗；f/的数值越小，光圈越大，进光量越多，视频画面越明亮，但是光圈过大，可能导致视频画面曝光过度。

在相机中调整光圈的方法大致相同，都需先在相机中调整曝光模式为手动曝光模式或光圈优先自动曝光模式，再通过转动相机的主拨盘调整光圈。使用佳能EOS 5D Mark IV单反相机则按🔍按钮，在液晶显示器中点击"光圈"图标，如图3-30所示；在液晶显示器中可通过拖曳数值调整光圈大小（或转动速控转盘），如图3-31所示。

图3-30　　　　　　　　　　　　　　　　图3-31

👉 **高手秘技**

在白天、户外或光线充足的环境下，尽量使用小光圈进行拍摄，这样进光量会比较合适。在夜晚或光线不足的环境中拍摄，以及拍摄人像或物体特写时，应尽量使用大光圈，以获得更多的进光量。

↘ 3.2.6　调节感光度

感光度是指感光元件对光线明暗的灵敏程度，常用"ISO"表示。ISO数值越小，感光度越低；ISO数值越大，感光度越高。在光线充足的情况下，如阳光明媚的户外，感光度数值可设置在100~200；户外阴天的环境下，感光度数值保持在200~400比较好。也就是说，随着光线逐渐变暗，感光度的数值应调高。

在光圈大小和快门速度一定的前提下，ISO数值越大，视频画面整体越亮，但会出现较多的噪点，视频画质较低，一般在光线不足的场景（如夜景），以及没有稳定设备时比较适用，可以让视频画面获得正常曝光。ISO数值小，会减慢快门速度，拍摄出来的视频画面更加细腻，能突出更多的细节。短视频创作者可根据不同的需要来调整感光度，主要有以下3种调整方式。

● 在相机上按"ISO"按钮，通过转动主拨盘即可调整需要的感光度数值。
● 在相机上按"MENU"按钮，进入菜单界面，选择"2"选项卡中的"ISO感光度设置"选项，然后在液晶显示器中设置自动感光度。
● 在相机上按🔍按钮，在液晶显示器中点击"感光度"图标，如图3-32所示；在液晶显示器中拖曳数值（或转动速控转盘）即可调整感光度，如图3-33所示。

图3-32   图3-33

↘ 3.2.7 设置白平衡

    人眼在不同的光线下能辨别固有色，但数码相机没有人眼的适应性，在不同的光线下，CCD（一种半导体器件，能将光学影像转化为电信号）输出的不平衡性造成数码相机色彩还原失真，可能会偏红、偏黄或偏蓝。为了使拍摄出的视频画面还原拍摄对象的真实色彩，必须根据光源调整色彩，这就是调整白平衡。换句话说，白平衡就是数码相机对白色物体的色彩还原。

    大部分相机都提供了多种白平衡模式，如图3-34所示。

● 自动白平衡[AWB]：自动白平衡是数码相机的默认设置，其原理是通过数码相机的传感器检测环境光的色温，然后根据色温调整图像的色温，以此来达到白平衡的调校，这种自动白平衡的准确率较高。在室外日光适宜的情况下进行拍摄时，自动白平衡一般不会出现大的偏差；但在多云的情况下，自动白平衡的效果较差，可能会出现偏蓝的现象。选择自动白平衡后，在液晶显示器中点击"INFO"图标，还可进一步设置详细的参数，如图3-35所示。

图3-34   图3-35

● 日光白平衡█：日光白平衡适用于在与正午日光色温类似的光线下拍摄。
● 阴影白平衡█：阴影处的色温最高，阴影白平衡模式可以补偿阴影处的冷色，使拍摄的视频画面看起来色调较暖。
● 阴天白平衡█：该模式可改善昏暗处的光线，能让偏冷的光线稍微暖一点。
● 钨丝灯白平衡█：钨丝灯白平衡又叫白炽灯白平衡。通常在白炽灯下拍摄出来的视频画面会偏黄或偏红，此时，将白平衡模式调整为钨丝灯白平衡，会加强视频画面中的蓝色，从而还原视频画面的色彩。

- 白色荧光灯白平衡▧：该模式适合在荧光灯下进行白平衡调节。荧光灯的类型较多，因此，有些相机不止一种荧光灯白平衡调节模式。短视频创作者需确定荧光灯的类型后再设置白平衡模式。在办公室和商城里拍摄时，可使用该模式，这些地方的照明光源多为荧光灯。

- 闪光灯白平衡▧：以闪光灯作为主光源时，选择闪光灯白平衡模式可解决闪光灯光线偏冷的问题，也可解决视频画面偏冷、人物皮肤苍白的问题。

- 自定义白平衡▧：在光源较复杂的情况下，就需要手动调整白平衡来还原真实的颜色。操作方法为：先对准一张白纸（或一个白色物体），捕获当下的白平衡状态，作为参照（注意曝光正常），然后点击菜单界面中的"自定义白平衡"图标，用该状态下的白平衡数据设置自定义白平衡模式，最后在"白平衡"界面中选择自定义白平衡模式。

短视频创作者可根据不同的需要来调整不同的白平衡模式。首先，调整白平衡需要在"白平衡"界面中进行操作，而进入该界面主要有3种方式，具体操作如下。

（1）在相机上按"WB"按钮。

（2）在相机上按"MENU"按钮，进入菜单界面，选择"2"选项卡中的"白平衡"选项。

（3）在相机上按▧按钮，在液晶显示器中点击白平衡图标。

↘ 3.2.8 设置对焦方式

短视频创作者在拍摄时，通过调节相机的镜头，使一定距离外的静物清晰成像的过程，叫作对焦。使用正确的对焦方式能更好地保证画面质量。对焦方式主要分为手动对焦和自动对焦两种。

1. 手动对焦

手动对焦是将镜头上的对焦开关拨至MF（手动对焦模式），然后通过转动镜头对焦环，或通过按机身方向键以实现清晰对焦的对焦方式。使用这种对焦方式得到的画面效果很大程度上依赖人眼对焦点的判断，以及短视频创作者的熟练程度。利用手动对焦，短视频创作者可以自由地选择视频画面中的主体。

2. 自动对焦

自动对焦是利用物体光反射的原理，使反射的光被相机上的传感器CCD接收，通过计算机处理，带动电动对焦装置进行对焦的方式。该对焦方式操作方便，聚焦准确性高，但是模式较固定。短视频创作者在拍摄时，需先将镜头上的对焦开关拨至AF（自动对焦模式），如图3-36所示。

佳能EOS 5D Mark IV提供了3种自动对焦模式，在相机上按"DRNE-AF"按钮，然后拨动主拨盘，可在液晶显示器中选择合适的对焦模式，如图3-37所示。或在相机中按▧按钮，在液晶显示器中点击"自动对焦"图标（最后一排第1个图标），然后选择对焦方式。

对焦开关

图3-36

图3-37

- 单次自动对焦（ONE SHOT）：单次自动对焦是使用频率较高的一种模式。选择该模式后，半按快门，将对焦点对准拍摄对象，焦点将自动锁定，移动相机可重新构图。采用单次自动对焦模式，相机只进行一次对焦，如果拍摄过程中拍摄对象发生变化，则需要重新半按快门再次对焦。因此，该模式适用于拍摄静止状态的场景。

- 人工智能自动对焦（AI FOCUS）：根据拍摄对象的实时状态（静止或运动），自动在单次自动对焦和人工智能伺服对焦两种对焦方式间切换，适用于无法准确判断拍摄对象处于静止还是运动状态的场景。

- 人工智能伺服对焦（AI SERVO）：选择该模式后，当拍摄对象移动时，对焦系统能够根据拍摄对象的移动不断调节镜头焦点，对移动的拍摄对象进行跟踪对焦，从而使拍摄对象一直保持清晰的状态。该模式适用于拍摄运动状态中的场景。

目前很多单反相机都具有自动对焦功能，可以自动检测拍摄对象的状态，并实时根据拍摄对象的位置进行连续对焦。以佳能EOS 5D Mark IV为例，先将相机切换至视频拍摄模式，在相机上按"MENU"按钮，进入菜单界面，在"4"选项卡中选择"短片伺服自动对焦"选项，点击"开启"按钮，开启该功能（默认情况下为开启状态）。短片伺服自动对焦支持针对运动中的拍摄对象进行连续自动对焦，启用后，不需要半按快门，相机也会自动对焦，更便于短视频拍摄。

另外，在视频拍摄模式下，佳能EOS 5D Mark IV还提供了3种自动对焦方式。在相机上按"MENU"按钮，进入菜单界面，在"4"选项卡中选择"自动对焦方式"选项，在打开的列表中选择合适的自动对焦方式，如图3-38所示。

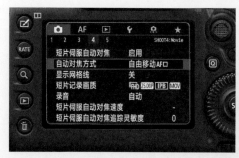

图3-38

- 人脸追踪：在这种自动对焦方式下，相机会自动识别人物或者动物的面部并自动对焦，对焦后如果拍摄对象开始移动，相机会自动追踪已识别的面部。

- 自由移动AF[]：这种自动对焦方式也称为自由移动多点。在这种自动对焦方式下，相机会在限定范围内，使用多个自动对焦点进行对焦，适用于事先预知拍摄对象移动范围的场景。
- 自由移动AF□：这种自动对焦方式也称为自由移动1点。在这种自动对焦方式下，画面对焦区域内仅有一个对焦点，而且支持短视频创作者自由选择对焦点的位置，适用于对某个特定拍摄对象进行对焦的场景。

3.3 拍摄技巧

短视频创作者要拍摄出优质的短视频，不仅需要做好前期拍摄准备，掌握相机的设置方法，还需要掌握一些拍摄技巧。

3.3.1 景别设置

景别即场景区别，指的是由于拍摄器材与拍摄对象距离不同，在视频画面中所呈现出的范围大小的区别。景别一般可以分为5种类型，分别是远景、全景、中景、近景、特写，不同景别的适用场景不同。

1. 远景

远景视野深远、宽阔，主要用于表现地理环境、自然风貌等开阔宏大的场景，如图3-39所示。远景相当于从较远的距离观看景物和人物，能包容广阔的空间，人物在画面中显得较小，背景占主要地位，整体给人以广阔、宏大的感觉。

在需要展现辽阔的大自然、宏伟的建筑群、盛大的活动场面、室内的整体布局情况等的时候，都可以使用远景。

2. 全景

全景用来表现场景的全貌与人物的全身动作。与远景相比，全景主要是突出画面主体的全部面貌，整个视频画面会有一个比较明确的视觉中心，能够全面阐释主体与环境之间的密切关系。换句话说，全景主要以画面主体的存在为前提，其概念是相对画面主体而言的，全景既可以是人的全景、物的全景，也可以是人和物共同的全景。

全景画面中包含整个画面主体的形貌，它既不像远景那样由于细节模糊而经不起仔细观察，也不像中景、近景那样不能展示画面主体全身的形态、动作，在叙事、抒情和阐述画面主体与环境的关系等方面可以起到独特的作用，如图3-40所示。

图3-39

图3-40

3. 中景

中景主要是用来表达人与人、人与物、物与物之间的关系，在拍摄人物时通常呈现其膝盖以上的范围，以反映人物的动作、姿态、手势等信息。

中景和全景相比，重点在于表现人物的动作。它是叙事功能很强的一种景别，在包含对话、动作和情绪交流的场景中，利用中景可以兼顾人物与人物之间、人物与周围环境之间关系的表达，如图3-41所示。

4. 近景

近景主要表现拍摄对象局部的对比关系，在拍摄人物时，通常呈现人物胸部以上的神态细节。从视觉效果来看，近景能清楚地呈现拍摄对象的细微之处，既有助于表现人与物、人与人之间的情感交流，也能使用户将注意力高度集中于拍摄对象的主要特点，基本忽略环境与拍摄对象的关系，让拍摄对象在用户心中留下一个鲜明的、强烈的印象，因此近景是刻画人物性格最有力的景别之一。

近景中的环境处于次要地位，因此画面构图应尽量简洁，实际拍摄时常用长焦镜头拍摄，利用大景深虚化背景。近景人物一般只有一人作为画面主体，人物细节需要展现得比较清晰，才有利于表现人物的面部或其他部位的特征，如图3-42所示。

图3-41　　　　　　　　　　　　　　　图3-42

5. 特写

特写主要用于表现人或物的局部特征，通过放大局部的细节来揭示拍摄对象的本质。特写中的景物表现比较单一，拍摄对象充满画面，如图3-43所示。特写可以起到提示信息、营造悬念、刻画人物内心活动等作用。特写画面中的细节非常突出，能够很好地表现拍摄对象的线条、质感、色彩等特征。

图3-43

短视频中决定视频画面景别大小的因素主要有两个：一是相机和拍摄对象之间的实际距离，二是相机镜头的焦距。因此，设置景别时，可利用这两个因素来改变视频画面中的景别。

● 利用拍摄距离变化来改变视频画面中的景别。在拍摄角度不变的前提下，相机与拍摄对象之间的距离越近，景别越小；反之，则景别越大。

● 利用各种焦距镜头来改变视频画面中的景别。镜头的焦距越长，景别越小；反之，景别越大。

↘ 3.3.2 运镜方式

运镜是指镜头自身的运动。镜头的运动可以模拟人的视觉感官，使视频画面更加真实、生动，有利于在视觉上吸引观看者。常见的运镜方式包括以下7种。

1. 固定镜头

固定镜头不仅指拍摄器材的位置不变，也指镜头的焦距和光轴（镜头的中心线。要想拍摄对象不发生变形，光轴需垂直于水平线）保持固定不变。固定镜头在短视频拍摄中非常见，可以用于长久地拍摄运动或静态的事物，轻易展现出事物的发展变化情况或状态特点。图3-44所示为使用固定镜头拍摄的场景。

图3-44

2. 推镜头

推镜头是指调整拍摄器材的位置或镜头焦距，向拍摄对象方向前进，使拍摄对象在视频画面中变得越来越大，呈现出视觉前移的效果，如图3-45所示。推镜头在展示细节、突出画面主体、刻画人物形象、制造悬念等方面非常有用。

图3-45

3. 拉镜头

拉镜头与推镜头相反，是指拍摄器材向拍摄对象的反方向运动，或调整焦距，使画面框架远离拍摄对象，呈现出由近及远、由局部到整体的效果，如图3-46所示。很明显，拉镜头可以增加视频画面的信息量，逐渐显现出拍摄对象与整体环境之间的关系。

图3-46

4. 摇镜头

摇镜头是指拍摄器材位置固定不动，通过三脚架上的云台或摄像机的机身进行上下或左右摇摆拍摄的一种运镜方式。图3-47所示的视频画面便是使用从上至下的摇镜头拍摄的。当无法在单个固定镜头中拍摄出所有想要的事物时，如沙漠、海洋、草原等辽阔的景物，或悬崖峭壁、瀑布、高耸入云的建筑物等高大的对象时，短视频创作者就可以使用摇镜头来逐渐展现事物的全貌。当然，摇镜头除了用于介绍环境外，也适用于展现两个画面主体之间的关系，如二者在交流时，可以用摇镜头从一个画面主体转移到另一个画面主体，从而建立他们之间的联系。

图3-47

5. 跟镜头

跟镜头是拍摄器材跟踪拍摄运动中的拍摄对象的一种运镜方式。跟镜头始终跟随拍摄一个在运动中的对象，从而可以连续而详细地表现该对象的活动情形或动作和表情变化。因此，跟镜头既能突出运动中的拍摄对象，又能交代其运动方向、速度、形态、表情及其与环境的关系等。

6. 移镜头

移镜头是指拍摄器材沿水平面在任意方向做直线运动的运镜方式。长距离的移镜头一般会借助滑轨等稳定设备拍摄画面。与摇镜头相比，用移镜头拍摄时，拍摄器材会进行直线运动，从而产生比摇镜头更富有流动感的视频画面，视觉效果也更强烈。

7. 旋转镜头

旋转镜头是指拍摄器材以拍摄对象为中心，做360°圆周运动的运镜方式，如图3-48所示。这种镜头能够产生酷炫的效果，但要注意拍摄器材的运动速度不能过快，否则容易造成眩晕的视觉感受。

图3-48

↘ 3.3.3　构图技巧

短视频构图的技巧有很多，常用的包括中心构图、水平线构图、垂直线构图、九宫格构图、S形构图、重复构图、对角线构图、框架构图、引导线构图等。熟悉并运用这些构图技巧，可以在短时间内提升短视频创作者的拍摄能力和视频画面的质量。

- 中心构图：中心构图是将拍摄对象放置在画面中心，其优势在于主体突出、明确，而且画面容易取得左右平衡的效果，如图3-49所示。
- 水平线构图：水平线构图就是以水平线为参考线，将整个画面二等分或三等分，通过水平、舒展的线条表现出宽阔、稳定、和谐的效果，如图3-50所示。

图3-49　　　　　　　　　　　　　　　　图3-50

- 垂直线构图：垂直线构图就是视频画面以垂直线为参考线，充分展示拍摄对象的高大和深度，如图3-51所示。
- 九宫格构图：九宫格构图就是通过两条水平线和两条垂直线将视频画面平均分割为9块区域，将画面主体放置在任意一个交叉点位置，如图3-52所示。这种构图方法可以使视频画面看上去非常自然、舒服。

图3-51   图3-52

- S形构图：S形构图是曲线构图中使用较多的一种构图技巧。S形构图能给人一种美的享受，而且使视频画面显得生动、活泼。这种构图方法还能让观者的视线随着S曲线延伸，可以有力地表现视频画面的纵深感。
- 重复构图：重复构图是利用不断出现的同一元素，或者极为相近的元素进行构图。它可以形成韵律美，吸引用户的注意力，起到不断强调的作用。
- 对角线构图：对角线构图是指将画面主体沿画面对角线方向排列，表现出动感、不稳定性或充满生命力等感觉。
- 框架构图：框架构图就是利用前景将画面主体包围起来，使画面主体成为视觉中心，如图3-53所示。视频画面有了框架，会让用户在观看时受到框架的影响，将注意力集中在画面主体上，从而有效突出画面主体。
- 引导线构图：引导线构图是指通过引导线将用户的视觉焦点引导到画面主体上的构图技巧，如图3-54所示。

图3-53   图3-54

【案例分析】

蒙牛 ——《借你一双航天员的眼睛》

2003年，杨利伟搭乘神舟五号载人飞船成功出征太空，这是中国载人航天事业的里程碑，也标志着我国的科技发展取得了重大突破。2023年是中国航天员首飞太空的第20个年头，20年间，我国在探索太空的进程上取得了一个又一个突破性成就，以载人航天、月球探测、火星探测、建造空间站、建成国家太空实验室等为代表的重大工程连战连捷，我国从航天大国加快向航天强国迈进。2023年4月27日，由蒙牛联合央视新闻共同拍摄的TVC短片《借你一双航天员的眼睛》正式发布，以此致敬中国航天。

　　该短片以航天员的视角展现了九曲黄河、牧场、城市灯火、港珠澳大桥等场景，让观者仿佛身处于浩瀚苍穹之中。该短片采用了全程俯拍的形式，因此，其中的景别大都采用远景和全景，视频画面宏伟壮观，富有强烈的视觉冲击力。图3-55所示为远景展示的九曲黄河，给人以深远、辽阔的视觉感受。同时，该短片中的构图大都采用中心构图，整个画面以中间人物为中心，产生了强烈的向心力，视觉中心突出，画面简洁，如图3-56所示。

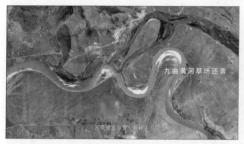
图3-55

图3-56

　　另外，该短片中还采用了较多的推镜头和拉镜头，突出展现了空间的纵深关系、视觉的扩展或收缩等，营造出了宏大的气势。图3-57所示为采用推镜头拍摄的画面，拍摄对象在画面中变得越来越大。

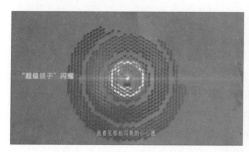

图3-57

　　上网搜索以上案例，查看该短片的完整内容，然后回答以下问题。

（1）该短片的景别、运镜方式和构图有什么特点？

（2）通过本案例，你认为该如何做好短视频的拍摄工作？

【任务实训】

↘ 实训1——拍摄女包产品短视频

1. 实训背景

　　为某原创女包网店拍摄一个女包产品短视频，激发用户对该产品的购买欲，现已撰写好分镜头脚本（扫码右侧二维码查看）。

知识链接：女包产品短视频分镜头脚本

2. 实训要求

使用单反相机，根据脚本完成拍摄。短视频内容为女包开箱，重点为展示女包的特点，如容量、外观和配件等，参考效果如图3-58所示。

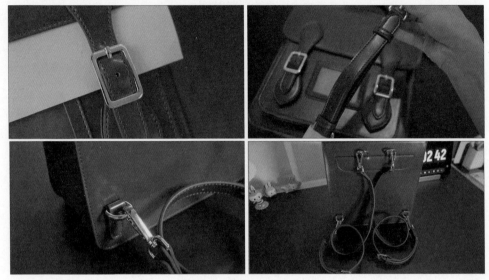

图3-58

3. 实训思路

（1）准备好单反相机，为了提升短视频画面质量，另外还需准备辅助拍摄的三脚架；拍摄场地选在室内，将女包放在书桌上，更贴合生活实际，具有真实性；拍摄道具为女包，陈设道具为平板电脑、本子、手机，以及一些装饰物。

（2）将相机安装在三脚架上，然后将相机调整为视频模式，设置视频的拍摄格式、视频分辨率和帧频分别为MP4、1920像素×1080像素、30帧/秒。

（3）设置曝光模式为全自动曝光模式，对焦方式为自动对焦（若室内光线不好，可根据需要调整曝光、感光度、白平衡等参数），将相机镜头正对女包，以固定镜头的运镜方式近景拍摄打开女包包装的视频画面，以展示女包外观。

（4）将相机镜头对准女包手柄，然后通过不同的角度和特写的景别拍摄撕开手柄包装的视频画面。

（5）将相机镜头对准女包的金属锁扣，以固定镜头的运镜方式分别拍摄撕开女包两个锁扣包装的视频画面，景别为特写。

（6）以固定镜头的运镜方式拍摄打开女包的视频画面，景别调整为近景，然后以俯拍的角度拍摄从女包中拿出背带的视频画面。

（7）将相机镜头聚焦在模特手上，拍摄拆开女包背带包装的视频画面，然后将女包平放在桌面上，展示女包背带。

（8）将相机镜头聚焦在女包的背带扣上，景别调整为特写，拍摄安装4个背带扣的视频画面，以展现女包背带扣安装方便的特点，以及金属扣的质感。

（9）将安装好背带扣的女包背面正对镜头，使用摇镜头的运镜方式从左往右拍摄女包的背面。

（10）将相机镜头聚焦在女包内部，继续以特写的景别拍摄往女包中放置平板电脑、本子、手机的视频画面，以展示女包的容量。

（11）景别调整为近景，以固定镜头的运镜方式拍摄关上女包的视频画面，以展示女包采用的磁铁扣锁扣使用方便的特点。

（12）将相机镜头正对桌面，并将女包移出画面，利用中心构图将女包慢慢放置在画面中心位置，同时以固定镜头的运镜方式拍摄放置过程，接着再使用摇镜头的运镜方式拍摄女包侧面。

实训2——拍摄宠物短视频

1. 实训背景

某公司最近负责一个宠物用品的短视频制作项目，需要制作一个宠物短视频，现已撰写好分镜头脚本（扫码右侧二维码查看）。

知识链接：宠物短视频分镜头脚本

2. 实训要求

使用智能手机，根据脚本拍摄出小猫踩键盘、撞倒水杯、撞翻铲子等3个主要镜头，场景已经提前设计好，需要让小猫入镜完成相应动作。拍摄时，重点展现小猫，景别和运镜方式不宜过多，不然会让视频画面显得复杂，重点不突出，参考效果如图3-59所示。

图3-59

3. 实训思路

（1）选择拍摄器材为华为P40 Pro，选择拍摄场地为客厅和办公室，拍摄道具为客户提供的猫砂、猫砂盆、猫窝、水杯。除此之外，还要找一名模特来辅助拍摄。

（2）点击手机中的"相机"图标，进入拍摄界面，在菜单栏中选择"录像"选项，进入录制界面。

（3）点击"设置"按钮⊙，进入设置界面，在其中设置"视频分辨率"为"[9：16

1080p（推荐）"，"视频帧率"为"30fps"。

（4）在客厅布置好小猫的小床，然后让小猫睡在上面。使用固定镜头拍摄模特用手抚摸小猫，小猫在床上探头探脑然后下床的视频画面。

（5）让模特假装在办公桌上使用键盘输入信息，使用固定镜头近景拍摄小猫跳上桌子用爪子肆无忌惮地踩着键盘的过程。前期可以在计算机键盘上涂抹一些小猫喜欢的食物，引导它跳上办公桌踩键盘。

（6）使用固定镜头近景拍摄模特往办公室桌子上的水杯里倒水，小猫突然冲过来撞倒水杯，杯里的水洒在桌上，小猫跳开后回头张望的视频画面。拍摄时可以使用声音或动作来引导小猫扑向水杯。

（7）使用固定镜头近景拍摄模特铲猫砂，小猫猛然跳过来撞翻铲子的视频画面。拍摄时，同样可以利用声音、动作或玩具等引导小猫跨过猫砂盆撞翻铲子。

（8）使用推镜头近景拍摄撞翻后的猫砂。

素养课堂

党的二十大报告明确地把大国工匠和高技能人才作为人才强国战略的重要组成部分。对于短视频创作者来说，要成为大国工匠和高技能人才，除了要有过硬的摄影技术和专业的摄影知识，还要有严谨、细致、专注、负责的工作态度和精雕细琢、精益求精的工作理念，以及对职业的认同感、责任感、荣誉感和使命感。短视频创作者应通过不断提升自己的专业水平，提高短视频的质量。

【思考与练习】

一、填空题

1. 数码相机是一种利用＿＿＿＿＿把光学影像转换成电子数据的拍摄器材。

2. ＿＿＿＿＿指的是微型可换镜头式单镜头数码相机。

3. 短视频拍摄中常用的道具有＿＿＿＿＿和＿＿＿＿＿两种。

4. ＿＿＿＿＿是指拍摄对象反射的光线，通过相机镜头投射到感光片上，使之发生化学变化、产生潜影的过程。

5. 在＿＿＿＿＿曝光模式下，短视频创作者可通过手动设置光圈值来控制视频画面的景深，这不仅能够清晰地展示远近物体，还可达到虚化背景的效果。

6. ＿＿＿＿＿是用来控制镜头孔径大小的部件，通常位于镜头的中央。

7. 单反相机的对焦方式主要分为＿＿＿＿＿和＿＿＿＿＿两种。

8. 通常情况下，一般把景别分为＿＿＿＿＿、＿＿＿＿＿、＿＿＿＿＿、＿＿＿＿＿、和＿＿＿＿＿。

二、单选题

1. 图3-60所示的拍摄器材是（　　　　）。

A. 微单　　　　　B. 单反相机　　　　C. 运动相机　　　　D. 摄像机

图3-60

2. 图3-61所示的构图技巧是（　　　　）。

    A. 引导线构图　　B. 框架构图　　　　C. S形构图　　　　D. 垂直线构图

图3-61

3. 以下选项中，不属于短视频拍摄稳定设备的是（　　　　）。

    A. 手持稳定器　　B. 滑轨　　　　　　C. 三脚架　　　　　D. 柔光箱

4. （　　　）主要表现拍摄物体局部的对比关系，在拍摄人物时，通常呈现人物胸部以上的神态细节。

    A. 近景　　　　　　B. 远景　　　　　　C. 中景　　　　　　D. 特写

5. （　　　）是指调整拍摄器材的位置或镜头焦距，向拍摄对象方向前进，使拍摄对象在视频画面中变得越来越大，呈现出视觉前移的效果。

    A. 固定镜头　　　B. 推镜头　　　　　C. 跟镜头　　　　　D. 拉镜头

三、简答题

1. 简述使用智能手机拍摄短视频的优点。

2. 在短视频拍摄中，常用的数码相机有哪些类型，各有什么特点？

3. 简述使用单反相机进行手动对焦的操作方式。

4. 短视频拍摄中，可通过哪些方法来改变视频画面中的景别？

四、操作题

1. 为家居博主拍摄一个家居短视频，通过不同的运镜方式拍摄室内场景中的沙发、凳子、床、置物柜、置物架、书桌和茶几等家居产品，主要目的是展现家居产品的外观，以及家居产品的室内场景搭配效果。完成后的参考效果如图3-62所示。

图3-62

2．为长尾夹拍摄一个产品介绍短视频，要求从精致、小巧、美观等角度向用户展示产品特点，并配合灵活多变的运镜技巧，以及重复构图、中心构图、对角线构图等构图技巧，近距离体现长尾夹的特点。完成后的参考效果如图3-63所示。

图3-63

第 4 章
短视频剪辑

【引导案例】

美团外卖推出了一条创意视频广告——《奇怪的人类增加了》，直击新手"铲屎官"们的痛点，引起了广泛关注。短视频分为两个部分：第1个部分剪辑了养宠人士的奇怪行为片段，片段之间过渡自然，形象生动地展现了各位新手"铲屎官"的生活日常，如四处找寻宠物、宠物洗澡不配合等，引起了养宠人士的共鸣；第2个部分主要是针对养宠问题提出解决的办法，并在相应位置添加了广告信息（包括产品信息、品牌名称等）。同时，该短视频中还增加了字幕和配音，强化了人们对广告信息的印象。并且，整个短视频都采用同一首背景音乐和相同的画面色调，视频风格也非常统一。

【学习目标】

➢ 熟悉短视频剪辑的基础知识。

➢ 熟悉短视频剪辑软件。

➢ 能够使用剪映App剪辑短视频。

➢ 能够使用Premiere剪辑短视频。

4.1 短视频剪辑的基础知识

短视频剪辑并不是简单地直接合并视频素材，而是需要运用一定的剪辑手法，遵循基本的剪辑流程来操作，并且在剪辑过程中还要注意一些问题。

↘ 4.1.1 常用的剪辑手法

短视频创作者在剪辑短视频的过程中需要合理利用一些剪辑手法来改变短视频画面的视角，推动短视频剧情的发展，让短视频更加精彩。

● 标准剪辑：标准剪辑是短视频创作中常用的剪辑手法，基本操作是将视频素材按照时间顺序拼接组合，制作成短视频。大部分没有剧情，且只是按照简单的时间顺序拍摄的短视频，都可以采用标准剪辑手法进行剪辑。例如，一日游旅行短视频就可以按照时间拼接组合，如图4-1所示。

图4-1

● J Cut：J Cut是一种声音先入的剪辑手法，是指下一视频画面中的音效在该视频画面出现前响起，以达到一种未见其人先闻其声的效果。J Cut的剪辑手法通常不容易被用户发现，但其实经常被使用。例如，风景类短视频中，在风景画面出现之前，会响起清脆的鸟叫声、潺潺的流水声，使用户先在脑海中想象出相应的画面。

● L Cut：L Cut是一种上一视频画面的音效一直延续到下一视频画面中的剪辑手法。例如，美食制作类短视频中，上一视频画面中厨师正在一边解说一边炒菜，下一视频画面中展示锅中被翻炒的菜品，而厨师解说的声音仍在继续。

● 匹配剪辑：匹配剪辑就是让两个相邻的视频画面中主要拍摄对象不变，但切换场景的剪辑手法。这种剪辑手法连接的两个视频画面通常拍摄对象动作一致，或构

图一致。匹配剪辑经常用作短视频转场，因为影像有跳跃的动感，可以从一个场景瞬间切换到另一个场景，从视觉上形成酷炫的转场效果。例如，很多旅行类短视频中，为了表现用户去过很多地方，会采用匹配剪辑的手法，如图4-2所示。

图4-2

- **跳跃剪辑**：跳跃剪辑可对同一镜头进行剪辑，也就是两个视频画面中的场景不变，但其他事物发生变化，其剪辑逻辑与匹配剪辑正好相反。跳跃剪辑通常来表现时间的流逝，也可以用在关键剧情的视频画面中，以增加镜头的急迫感。例如，常见的卡点换装短视频会采用跳跃剪辑的手法。

- **动作剪辑**：动作剪辑是指在拍摄对象仍在运动时切换视频画面的剪辑手法。需要注意的是，动作剪辑中的剪辑点不一定在动作完成之后，剪辑时可以根据人物动作施展方向设置剪辑点。例如，在两人打羽毛球的短视频中，前一视频画面中一人做出发球动作，下一视频画面中另一人已经接到球。

- **交叉剪辑**：交叉剪辑是指将不同的两个场景来回切换，通过来回频繁地切换视频画面来建立角色之间的交互关系的剪辑手法。在影视剧中打电话的镜头大多使用的是交叉剪辑的手法。短视频中，使用交叉剪辑能够加强短视频的节奏感，增强内容的张力并制造悬念，使用户对短视频产生兴趣。例如，在一段主角选择午餐的短视频中，镜头在牛肉盖浇饭和回锅肉之间来回切换，可以表现主角纠结的内心情感，并使用户对主角的最终选择产生好奇，继续观看。

- **蒙太奇**：蒙太奇（Montage，法语，是音译的外来语）原本是建筑学术语，意为构成、装配，后来被广泛用于电影行业，意思是"剪辑"。在剪辑手法中，蒙太奇是指在描述一个主题时，将一连串相关或不相关的视频画面组接在一起，以产生暗喻的效果。例如，某广告为了表现出床垫的柔软，将主角躺在床垫上的视频画面和主角躺在云朵上的视频画面组接在一起，表现了该床垫像云朵一样柔软的特点，这就是蒙太奇剪辑手法。

✍ **高手秘技**

短视频创作者在剪辑短视频时，可以根据短视频内容使用多种剪辑手法，例如，动作剪辑+L Cut、交叉剪辑+匹配剪辑等，这样可以增强视频画面的张力，使视频画面更丰富，更好地突出短视频主题。

↘ 4.1.2　短视频剪辑流程

短视频剪辑的本质是将拍摄的大量视频素材，经过导入、剪辑、优化，最终形成一个连贯流畅、立意明确、主题鲜明并有艺术感染力的短视频，这也是短视频剪辑的基本流程。

1. 整理视频素材

了解和熟悉各种镜头和需要的画面效果，将拍摄的所有视频素材进行整理和编辑。按照时间顺序或者是脚本中设置的剧情顺序排序，将所有视频素材编号归类，然后根据整理好的视频素材，设计剪辑工作的流程，并注明工作重点。

2. 导入视频素材

将整理好的视频素材导入视频剪辑软件中，为后面的操作做好准备。

3. 剪辑视频素材

一般来说，一个完整的短视频常由若干个镜头组合而成，每个镜头都具有相对独立和完整的内容，但在拍摄过程中，拍摄的视频素材不一定全部符合制作需求。因此，短视频创作者需要剪辑视频素材。剪辑视频素材分为粗剪和精剪两个步骤。

- 粗剪：粗剪是指观看所有归类和编号的视频素材，从中挑选出符合脚本需求、画质清晰且精美的视频画面，然后按照脚本中规划的顺序重新组合成一个视频素材序列，构成第一稿视频。在粗剪时，短视频创作者需要注意视频片段之间的关联性，如镜头运动的关联、场景之间的关联、逻辑的关联及时间的关联等，要做到细致、有新意，使视频片段之间的衔接自然又不缺乏趣味性。
- 精剪：精剪是指在第一稿视频的基础上，进一步分析和比较，将多余的视频画面删除，并为视频画面调色、添加滤镜、制作特效等，增加视频画面的吸引力；或为短视频添加转场，保证短视频的节奏和叙事的流畅性；为短视频添加背景音乐和音效，渲染氛围；为短视频添加字幕，帮助用户理解视频内容，同时提升视觉体验，进一步突出短视频主题。

4. 优化短视频

经过以上流程，短视频已经基本制作完成，最后可对短视频进行一些细小的调整和优化。例如检查短视频中是否有错别字、违禁词，短视频大小是否合理等。

5. 导出短视频

短视频优化结束后，短视频创作者还需要导出短视频，以便在其他设备或媒体平台中进行发布。

4.1.3 短视频剪辑的注意事项

短视频创作者在剪辑短视频时，除了要遵循短视频的剪辑流程外，还要熟悉短视频剪辑的注意事项，提高短视频剪辑能力。

- 在前期拍摄短视频时，已经奠定了整个短视频的风格定位，因此，在短视频剪辑过程中，也应尽量贴近短视频拍摄时的风格。
- 短视频时长较短，因此，在短视频剪辑过程中要精简素材，删除重复、无效或者不必要的镜头和音频，突出重点，让用户在短时间内了解短视频的主要内容，明确中心思想。同时，还要保证短视频的时长适中，不要让用户感到无聊或者疲劳。
- 遵循视听一致的原则，注意视频画面、字幕、音频三者的同步。
- 注意把握视频剪辑的节奏感，以适当的速度来展现情节。
- 避免使用过多的特效、转场，保持视频画面的简洁和清晰，提高短视频质量和观赏性，以及注意字幕的字体、颜色和位置，确保字幕的易读性和美观性。
- 注意版权问题，在使用素材时一定要了解该素材的版权信息，确保所用素材不会造成侵权问题。

素养课堂

党的二十大报告对加强知识产权法治保障做出重要部署，报告指出"深化科技体制改革，深化科技评价改革，加大多元化科技投入，加强知识产权法治保障，形成支持全面创新的基础制度"，强调推动科技创新和知识产权保护，以推动国家经济高质量发展。同时，这也表明了我国对知识产权法治建设的重视，力争完善知识产权保护和管理机制，推动知识产权制度适应经济和科技发展，进一步为我国新时代新征程知识产权事业发展指明了前进方向、提供了根本遵循，表明我国高度重视知识产权保护，将通过法律和政策手段来促进知识产权的保护和利用。因此，短视频创作者在利用一些现有素材进行短视频创作的过程中，要始终注意不要触及侵权盗版的红线，应使用有授权的合规合法素材。

4.2 短视频剪辑软件

随着短视频行业的不断发展，短视频剪辑软件也不断增多，并且不同的剪辑软件具备不同的特色和操作要求。

4.2.1 剪映

剪映由抖音短视频官方推出，具有全面的剪辑功能，提供多种变速、滤镜、转场效果，并提供丰富的曲库资源和视频模板，可以满足大部分短视频剪辑新手的需求，是较为全面的短视频剪辑工具。

剪映有移动端App、PC端软件，以及网页版3种版本，常用的是移动端的剪映App和PC端的剪映专业版。

1. 剪映App

剪映App不仅支持拍摄短视频，而且还支持在手机上剪辑拍摄的短视频并将其发布到短视频平台，适合短视频剪辑新手使用。剪映App的剪辑界面如图4-3所示，该界面主要由3部分组成。

图4-3

- 预览区：在预览区可以查看短视频当前时长和总时长，预览短视频效果，进行撤回操作、恢复操作、全屏预览。

- 编辑区：编辑区中间为时间轴，其中包含了多种类型的轨道，如视频轨道、音频轨道、文本轨道、贴纸轨道等，同一类型的轨道可添加多条。时间轴中间的竖线为时间线，左右拖曳时间线可以在预览区查看当前时间线的视频效果。此外，点击编辑区左侧的"关闭原声"按钮 🔇 可以关闭视频素材的原始音频，点击"设置封面"选项可以设置视频封面。

- 功能区：功能区显示了各种剪辑功能，包括剪辑、音频、文本、贴纸、画中画、特效、素材包、滤镜、比例、背景、调节，点击对应的功能按钮后可显示对应的工具栏，进而可以完成各种功能的设置。

2. 剪映专业版

剪映专业版需要下载后安装在计算机中。剪映专业版界面更大，功能更直观、方便，同时也提供了专业、强大、丰富的短视频剪辑功能，如智能识别字幕、智能抠像、文本朗读等，以及海量、优质的特效、贴纸、转场、音频等素材。剪映专业版的界面主要分为4个区域，如图4-4所示。

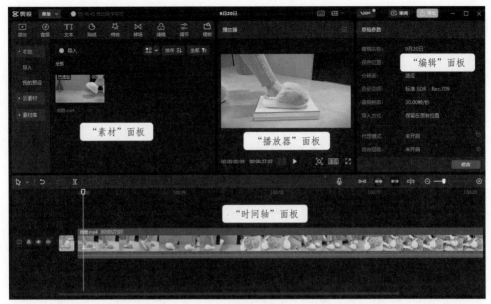

图4-4

- "素材"面板:"素材"面板由媒体、音频、文本、贴纸、特效、转场、滤镜、调节和模板9个选项卡组成,主要用于放置本地素材,以及剪映专业版自带的海量线上素材,单击每一个选项卡就会切换到对应的操作区。
- "播放器"面板:"播放器"面板主要用于预览素材画面效果。将素材添加到"时间轴"面板中的轨道后,在"时间轴"面板中拖曳时间线,此时"播放器"面板中显示的视频画面即为当前时间线所处帧的视频画面。
- "编辑"面板:在"时间轴"面板中选择素材后,可以激活该素材对应的"编辑"面板,在其中可以对所选择的素材进行参数调整,如转场效果的持续时长、滤镜的强度、文字的字体样式、音频的音量等,从而获得更好的视频效果。而且,所选素材的种类不同,对应的调节参数也不同。
- "时间轴"面板:"时间轴"面板主要用于对所选素材进行基础的编辑操作,如分割素材、裁剪素材、调整素材位置及轨道等。并且素材种类不同,对应的编辑方式也不同。

4.2.2 Premiere

Premiere是一款高效、精确、专业的音视频非线性编辑软件,可以支持标清和高清格式音视频的实时编辑。它具备采集、剪辑、调色、美化音频、字幕添加、输出、DVD刻录等一整套流程,并和其他Adobe系列软件紧密集成、相互协作,满足用户创建高质量作品的要求,是常用的PC端短视频剪辑软件。

Premiere的操作界面主要由多个面板组成,其中常用的包括"源"面板、"节目"面板、"效果控件"面板、"项目"面板、"工具"面板、"时间轴"面板、"效果"面板,如图4-5所示(以Premiere 2020为例)。

71

图4-5

- **"效果控件"面板**："效果控件"面板主要用于编辑素材效果。在"时间轴"面板中任意选择一个素材后，即可在"效果控件"面板中设置该素材的运动、不透明度和时间重映射3种默认效果。为素材添加新的效果后，也可在"效果控件"面板中设置该效果的参数，单击左侧的▶按钮，可展开参数对应的设置栏。

- **"源面板"**："源"面板主要用于预览还未添加到"时间轴"面板中的源素材，在"项目"面板中双击素材即可在"源"面板中显示该素材效果。

- **"节目"面板**："节目"面板主要用于预览"时间轴"面板中当前时间线所处位置的序列效果，也是最终短视频输出效果的预览面板。

- **"效果"面板**："效果"面板用于存放Premiere自带的各种视频、音频特效等，主要有预设、Lumetri预设、音频效果、音频过渡、视频效果、视频过渡6个类别，单击每个类别左侧的▶按钮可展开指定的效果文件夹。

- **"项目"面板**："项目"面板主要用于存放和管理导入的视频素材，以及在Premiere中创建的序列文件等。在"项目"面板中单击"新建素材箱"按钮■可新建类似于文件夹的素材箱，并将素材添加到素材箱中进行分类管理。

- **"工具"面板**："工具"面板中的工具主要用于在"时间轴"面板中编辑素材，在"工具"面板中选择需要的工具后，将鼠标指针移动到"时间轴"面板中的轨道上，鼠标指针就会变成该工具的形状。另外，在"工具"面板中，有的工具右下角有一个小三角图标，表示该工具位于工具组中，其中还隐藏有其他工具；将鼠标指针移动到该工具组上，按住鼠标左键不放，可显示该工具组中隐藏的工具。

- "时间轴"面板："时间轴"面板是对视频、音频等素材进行剪辑的主要面板，素材在"时间轴"面板中按照时间的先后顺序从左到右排列在各自的轨道上。其中音频文件位于音频轨道（以"A"字母开头的轨道，如A1、A2、A3等），其他文件位于视频轨道（以"V"字母开头的轨道，如V1、V2、V3等）。

高手秘技

　　Premiere中的面板大小并不是固定不变的，短视频创作者可将鼠标指针移至面板与面板之间的分隔线上，按住鼠标左键向左或向右拖曳，自行调整面板大小。除此之外，还可单击面板后，按住鼠标左键不放，将其拖曳到其他位置。

4.2.3 短视频剪辑的辅助软件

　　剪辑短视频时，若需要处理一些平面内容，如制作视频封面，可使用Photoshop或美图秀秀来制作；若出现剪辑后的短视频所占存储空间过大、视频格式不符合需要等问题，可使用格式工厂来压缩短视频、转换格式等。

1. Photoshop

　　Photoshop是Adobe公司旗下十分受欢迎的图像处理软件之一，可以有效地支持短视频创作者进行图片编辑和创造工作。图4-6所示为Photoshop 2020的工作界面，主要包括菜单栏、工具属性栏、工具栏、图像窗口、面板组等部分。

知识链接：
Photoshop 工作
界面

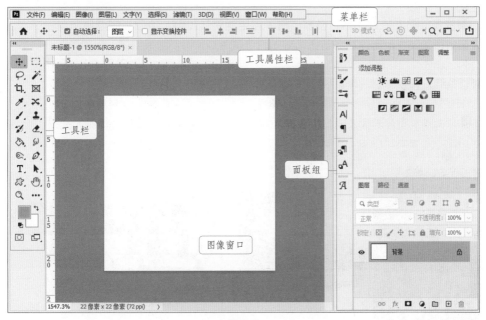

图4-6

2. 美图秀秀

美图秀秀是一款操作简单、功能强大的图片美化软件，提供了图片编辑、人像美容、智能抠图、拼图、批量处理、证件照换底色、海报设计等实用功能。图4-7所示为美图秀秀的首页，单击相应的功能按钮，即可进入相应页面进行操作。

图4-7

3. 格式工厂

格式工厂是一款功能全面的格式转换软件，几乎支持所有格式的视频、音频、图片、文档等文件的处理，可一键快速转换格式，同时还提供视频压缩、音频提取、音视频合并、视频去水印、视频画面裁剪、视频剪辑、视频下载等功能。图4-8所示为格式工厂主界面。用户可先在功能区中选择待处理文件的类型，然后在打开的列表中单击相应的功能按钮，在打开的界面中进行操作。

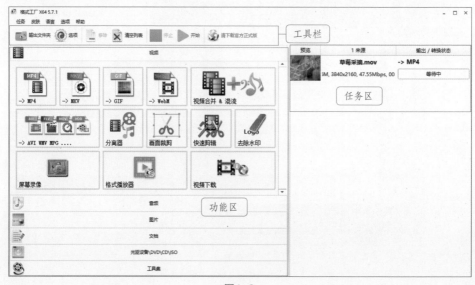

图4-8

4.3　使用剪映App剪辑短视频

在剪映App中剪辑短视频的大致流程是先将需要的素材导入剪映App，再调整画面比例和短视频速度，接着对素材执行剪辑操作，使短视频整体时长和播放顺序符合需求，然后对部分素材进行润色处理，使画面更美观，最后再为短视频添加片尾，让整个短视频更完整，并导出完成的短视频。

↘ 4.3.1　在剪映App中导入素材

某博主拍摄了多段"打卡"咖啡店的视频素材，现要使用剪映App剪辑一个时长在15秒左右的完整竖版短视频。在使用剪映App剪辑短视频前，首先需要将视频素材导入剪映App中，具体操作如下。

（1）启动剪映App，在主界面点击"开始创作"按钮⊞，如图4-9所示。

（2）在打开的界面中点击"素材库"选项卡，选择图4-10所示的视频素材。

微课视频：在剪映 App 中导入素材

（3）在该界面中点击"最近项目"选项卡，点击"视频"选项，然后按"咖啡制作.mp4""下午茶.mp4""工作.mp4""看书.mp4"的顺序点击视频素材（配套资源：\素材文件\第4章\咖啡店"打卡"\），点击 添加(5) 按钮，如图4-11所示。

图4-9　　　　　　　图4-10　　　　　　　图4-11

↘ 4.3.2　调整画面比例

该博主拍摄的"打卡"咖啡店的视频素材是横版的，不符合竖版的需求，因此需调整短视频的画面比例，具体操作如下。

（1）进入剪映App剪辑界面，向左滑动功能区，点击"比例"按钮▣，点击"9：16"选项，然后将编辑区中间的时间轴向左滑动，将时间线定位到文本出现的位置，效果如图4-12所示。

微课视频：调整画面比例

（2）在预览区中间使用两根手指同时向外滑动放大文本，效果如图4-13所示。

（3）将时间线定位到下一段视频位置，并通过双指放大视频画面，效果如图4-14所示。

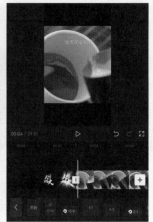

图4-12　　　　　　　　　　　图4-13　　　　　　　　　　　图4-14

（4）使用相同的方法放大其他3段视频素材的画面，效果如图4-15所示。

图4-15

👆 高手秘技

　　在预览区中使用两根手指同时向内滑动，可缩小视频画面；相反，两根手指同时向外滑动，则可放大视频画面。此方法同样适用于在预览区调整字幕、贴纸等对象的大小。

4.3.3　调整短视频速度

　　短视频的速度决定了短视频播放的快慢和时长。由于拍摄的部分视频素材节奏较慢，且整个短视频的时长较长，因此需要调整短视频速度，具体操作如下。

　　（1）在功能区左侧点击 ⟨ 按钮返回剪辑界面，在编辑区中点击"咖啡制作.mp4"视频素材，如图4-16所示。

　　（2）在功能区中点击"变速"按钮 ⊘，在"变速"工具栏中点击"常规变速"按钮 ⟋，如图4-17所示。

　　（3）在打开的面板中拖曳控制点到"5x"（表示5倍速播放）的位

微课视频：调整
短视频速度

置，如图4-18所示。

（4）使用相同的方法调整"下午茶.mp4"视频素材的速度为"5x"、"工作.mp4"视频素材的速度为"3.5x"、"看书.mp4"视频素材的速度为"3x"，最后点击✓按钮完成操作。

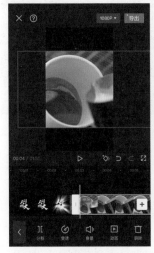
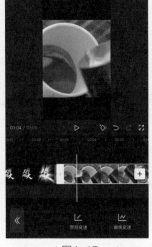
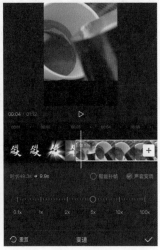

| 图4-16 | 图4-17 | 图4-18 |

4.3.4 剪辑短视频

调整短视频速度后，所有视频素材的整体时长仍不满足15秒内的要求，并且其中有些视频素材的内容也不符合需求，因此需要剪辑短视频，删除不需要的视频片段，具体操作如下。

微课视频：剪辑
短视频

（1）在编辑区中点击"咖啡制作.mp4"视频素材，将时间轴向左滑动，将时间线定位到"00:07"位置，点击"分割"按钮❙❙，如图4-19所示。将视频素材分割为两部分后点击前一段视频片段，点击"删除"按钮🗑。

（2）继续将时间线定位到"00:06"位置，点击"分割"按钮❙❙，将时间线定位到"00:08"位置，继续点击"分割"按钮❙❙，如图4-20所示，然后删除中间段素材。

（3）点击"下午茶.mp4"视频素材，在"00:10"位置点击"分割"按钮❙❙分割视频片段，然后删除分割后的前一段视频片段。

（4）点击"工作.mp4"视频素材，使用相同的方法在"00:11"位置分割视频素材，删除分割后的前一段视频片段；分别在"00:12"位置和"00:13"位置分割视频素材，删除分割后的中间段视频片段。

（5）点击"看书.mp4"视频素材，在"00:16"位置分割视频素材，删除分割后的前一段视频片段；分别在"00:14"位置和"00:15"位置分割视频素材，删除分割后的中间段视频片段；在"00:15"位置分割视频素材，如图4-21所示，删除分割后的后一段视频片段。

| 图4-19 | 图4-20 | 图4-21 |

↘ 4.3.5　润色短视频

剪辑完成后的短视频只是一个大框架，很难吸引更多用户的关注，因此还需要进行润色，添加动画、画面特效、滤镜、转场、文字和音频等。

1. 添加动画

预览短视频，发现短视频正片内容的开始和结尾都比较生硬，因此可以在开始和结尾分别添加入场动画和出场动画，具体操作如下。

（1）在编辑区中点击"咖啡制作.mp4"视频素材，将时间线定位到"00:03"位置，点击"动画"按钮▣，再点击"动画"工具栏中的"入场动画"按钮▣，然后点击"渐显"选项，如图4-22所示。最后点击✔按钮完成操作。

微课视频：添加动画

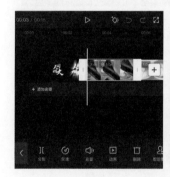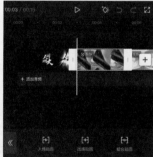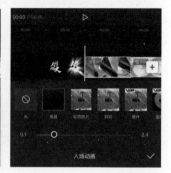

图4-22

（2）使用相同的方法在短视频结尾添加"渐隐"出场动画。

2. 添加画面特效和滤镜

继续预览短视频，发现部分视频画面比较单调，吸引力不够，并且整个短视频色调不太一致，因此需要为短视频添加画面特效，使其更具美感和个性化，并且整个短视频都应用同一个滤镜，使整个短视频色调趋于一致，具体操作如下。

微课视频：添加画面特效和滤镜

（1）将时间线定位到"00:06"位置，点击◀按钮返回剪辑界面，依次点击"特效"按钮▧、"画面特效"按钮▣，然后点击"星火炸开"特效，如图4-23所示。

（2）再次点击"星火炸开"特效，打开"调整参数"面板，调整"不透明度"为"70"，如图4-24所示。点击✔按钮完成操作。

图4-23　　　　　　　　　　　　　　　　　　　图4-24

（3）在编辑区点击"星火炸开"特效，向左拖曳该特效右侧的控制条至时间线，调整该特效的结束位置，如图4-25所示。

（4）点击 按钮返回"特效"工具栏，点击"画面特效"按钮 ，点击"回弹摇摆"特效，并调整该特效的参数，如图4-26所示。点击 按钮完成操作。

（5）调整"回弹摇摆"特效的结束位置，如图4-27所示。

图4-25　　　　　　　　　图4-26　　　　　　　　　图4-27

（6）使用相同的方法继续在上一个特效的结束位置后面添加"泡泡变焦"特效，并调整该特效的"速度"为"100"、"强度"为"40"，然后调整该特效的结束位置为整个短视频的结束位置。

（7）返回剪辑主界面，向左滑动功能区，点击"滤镜"按钮 ，然后选择"清晰"滤镜，如图4-28所示。点击 按钮完成操作。

（8）在编辑区点击"清晰"滤镜，拖曳该滤镜左右两侧控制条至整个短视频的开始和结束位置，如图4-29所示。

（9）点击 按钮，将时间线定位到"00:10"位置，点击"编辑"按钮 ，点击"亮度"选项，调整"亮度"为"30"，如图4-30所示。点击 按钮完成操作。

 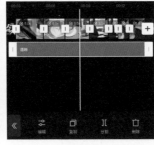 

图4-28　　　　　　　　　图4-29　　　　　　　　　图4-30

（10）编辑区中将显示"调节1"素材，然后调整"调节1"素材的结束位置为整个短视频的结束位置。

3. 添加转场

预览短视频，发现视频画面会产生突兀的跳动感，画面与画面之间的过渡不自然、不太流畅，此时需要利用剪映App中的转场功能来解决该问题，具体操作如下。

（1）在编辑区中点击第1段和第2段视频片段中间的□按钮，然后选择"叠化"转场，设置转场时长为"0.2s"，并点击"全局应用"按钮❺，如图4-31所示，将该转场应用到所有视频片段。点击☑按钮完成操作。

（2）在编辑区中点击第2段和第3段视频片段中间的□按钮，然后选择"拉远"转场，如图4-32所示。点击☑按钮完成操作。

（3）使用相同的方法将第3段和第4段视频片段的转场更改为"模糊"转场，如图4-33所示。点击☑按钮完成操作。

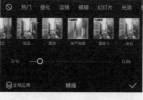

图4-31   图4-32   图4-33

4. 添加文字和音频

为了帮助用户更好地理解和接受短视频的内容，以及将用户带入咖啡店悠闲、安逸的氛围中，可在短视频中添加简洁、直观的文本和与短视频内容相应的背景音乐，具体操作如下。

（1）在功能区中点击"文本"按钮Ⅱ，然后点击"文字模板"按钮▣。

（2）点击"花字"选项卡，在文本框中输入文字"双人套餐88元"，然后选择一个合适的花字模板，最后将花字移动到视频画面最上方，效果如图4-34所示。点击☑按钮完成操作。

（3）调整花字的开始位置为"00:04"，结束位置为"00:13"，如图4-35所示。

（4）点击"动画"按钮▣，选择"向右集合"入场动画，如图4-36所示。点击"出场动画"选项卡，选择"渐隐"出场动画，点击☑按钮完成操作。

（5）点击"新建文本"按钮▲，在文本框中输入文字。点击"样式"选项卡，选择第1种文字样式，调整字号为"10%"，将文字移动到视频画面最下方，效果如图4-37所示。点击☑按钮完成操作。

（6）调整文字的开始位置为"00:04"，结束位置为"00:06"，再点击"复制"按钮▣复制文字，最终界面如图4-38所示。

（7）调整复制文字的开始位置为上一段文字的结束位置，即"00:06"结束位置为"00:09"，再点击"编辑"按钮▲，在文本框中修改文字内容。

（8）使用相同的方法再复制2段文字，然后修改文字内容，并调整第1段文字的开始位置为上一段文字的结束位置，结束位置为"00:11"；调整第2段文字的开始位置为上一段文字的结束位置，结束位置如图4-39所示。

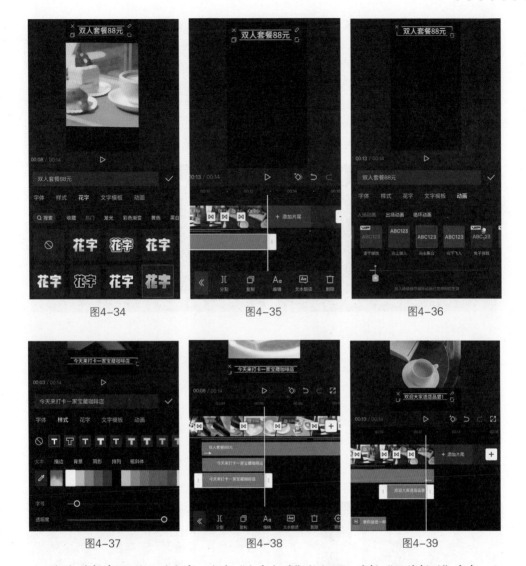

图4-34　　　　　　　　图4-35　　　　　　　　图4-36

图4-37　　　　　　　　图4-38　　　　　　　　图4-39

（9）选择步骤5输入的文字，点击"文本朗读"按钮，选择"甜美解说"音色，如图4-40所示。点击按钮完成操作，然后使用相同的方法依次为其他4段文字添加"甜美解说"音色。

👉🏻 高手秘技

　　在剪映App中，除了通过"文本朗读"功能添加语音外，还可以通过录音的方式添加语音。具体操作为：在剪映App的剪辑界面中依次点击"音频"按钮和"录音"按钮，按住"录音"按钮开始录制旁白。除此之外，还可以选择旁白音频，然后点击"变声"按钮，选择合适的变声效果，对音频进行变声处理。

　　（10）返回剪辑界面，将时间线移动到"00:00"位置，点击"音频"按钮，然后点

81

击"音乐"按钮🎵，打开"添加音乐"界面。添加音乐界面如图4-41所示。

（11）点击"VLOG"选项，点击"summer"音乐试听，然后点击对应的 使用 按钮。返回剪辑界面，点击添加的音乐，在"00:13"位置点击"分割"按钮Ⅱ，并删除分割后的后半段音乐。

（12）点击剩下的音乐，点击"音量"按钮🔊，调整"音量"为"35"，点击✓按钮完成操作。点击"淡化"按钮▦，调整"淡入时长"和"淡出时长"均为"0.5s"，如图4-42所示。点击✓按钮完成操作。

图4-40

图4-41

图4-42

↘ 4.3.6　制作短视频片尾

短视频基本内容完成后，还需要制作片尾，告知用户短视频已经播放完毕，为整个短视频画上一个圆满的句号，让短视频显得更完整、专业，具体操作如下。

微课视频：制作
短视频片尾

（1）在编辑区中将时间线移动到"00:12"位置，点击"素材包"按钮🔲，点击"下期再见 | 片尾"选项，如图4-43所示。

（2）点击✓按钮完成操作，返回剪辑界面，如图4-44所示。调整该素材的结束位置为"00:15"，如图4-45所示。

图4-43

图4-44

图4-45

👆 高手秘技

　　制作短视频片尾时，还可以在剪映App主界面下方点击"剪同款"按钮🎬，在打开界面的搜索文本框中输入"片尾"搜索，然后选择一种片尾模板。打开该片尾模板的预览界面，点击 剪同款 按钮，然后修改其中的图片、视频或文字。最后将完成后的片尾导出，便于将片尾直接应用到其他短视频中。

↘ 4.3.7　在剪映App中导出短视频

短视频制作完成后还需要将其导出为视频格式，便于发布到短视频平台中，具体操作如下。

（1）导出短视频前，可以返回剪辑界面，查看最终效果。

（2）确认无误后，点击 导出 按钮，等待进度条结束即可完成操作（配套资源：\效果文件\第4章\咖啡店打卡.mp4）。最终效果如图4-46所示。

微课视频：在剪映App中导出短视频

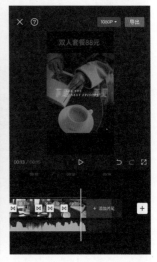

图4-46

4.4　使用Premiere剪辑短视频

在Premiere中剪辑短视频的大致流程是先将需要的视频素材导入Premiere，再根据需要将视频素材剪辑为多个片段，并为视频片段添加转场效果，让视频片段之间的过渡更自然，然后添加视频特效丰富视频画面，最后再为视频素材添加文字和背景音乐，并导出成片。

微课视频：在Premiere中导入视频素材

↘ 4.4.1　在Premiere中导入视频素材

某旅行视频博主准备使用Premiere制作一个时长为25秒左右的用于介绍新疆美景的旅行Vlog，以吸引粉丝观看。而要制作该Vlog，就必须在Premiere中先新建并设置项目，然后将需要的视频素材导入"项目"面板中，便于在剪辑时直接使用，具体操作如下。

（1）启动Premiere，进入主界面，单击 新建项目 按钮，打开"新建项目"对话框，设置项目名称为"新疆旅行Vlog"，单击 确定 按钮，如图4-47所示。

（2）在Premiere操作界面上方选择"效果"工作模式，在"项目"面板空白处双击，打开"导入"对话框，选择"旅行"素材文件夹（配套资源：\素材文件\第4章\旅行\），单击 导入文件夹 按钮，将其导入"项目"面板，如图4-48所示。

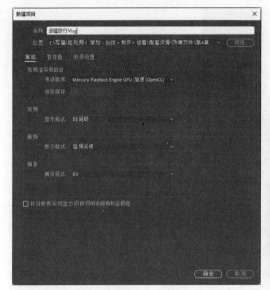
图4-47

图4-48

✍ 高手秘技

　　在"项目"面板空白处单击鼠标右键，在弹出的快捷菜单中选择"导入"命令，或在"项目"面板空白处双击，选择【文件】/【导入】命令，或按【Ctrl+I】组合键，都可以打开"导入"对话框，从而导入视频素材。

↘ 4.4.2　剪辑视频素材

　　由于目前导入的视频素材中的内容不连贯，且整体时长较长，需要剪辑该视频素材。但在剪辑前还需要新建序列文件，对这些视频素材进行剪辑操作，具体操作如下。

微课视频：剪辑
视频素材

　　（1）选择【文件】/【新建】/【序列】命令，打开"新建序列"对话框，此时已默认选择了一种序列预设（若对预设不满意，可单击"设置"选项卡，在"编辑模式"列表框中选择"自定义"选项，然后修改预设的时基、帧大小、像素长宽比等），设置序列名称为"总序列"，单击 **确定** 按钮，如图4-49所示。

✍ 高手秘技

　　新建并设置好序列后，如果要修改序列设置，可以在序列上单击鼠标右键，在弹出的快捷菜单中选择"序列设置"命令，或在"项目"面板中选择序列，选择【序列】/【序列设置】命令，在打开的"序列设置"对话框中重新修改序列参数。

　　（2）在"项目"面板中双击"公路.mp4"视频素材，在"源"面板中打开该视频素材，将时间指示器📍移动到"00:00:31:01"位置，单击"标记入点"按钮，如图4-50所示。

图4-49　　　　　　　　　　　　　　　　图4-50

（3）在"源"面板中将时间指示器 移动到"00:00:38:01"位置，单击"标记出点"按钮 ，如图4-51所示。

（4）将视频素材从"项目"面板（或"源"面板）中拖入"时间轴"面板，打开"剪辑不匹配警告"对话框，单击 保持现有设置 按钮将会按照序列参数改变视频素材参数。

（5）在"节目"面板中可看到视频素材大小与序列不匹配，可在"时间轴"面板中选择视频素材，打开"效果控件"面板，设置缩放为"150.0"，如图4-52所示。

（6）在"项目"面板中选择视频素材，单击鼠标右键，在弹出的快捷菜单中选择"速度/持续时间"命令，打开"剪辑速度/持续时间"对话框，设置"速度"为"200%"，单击 确定 按钮，如图4-53所示。

图4-51　　　　　　　　　图4-52　　　　　　　　　图4-53

（7）在"时间轴"面板中将时间指示器 移动到视频素材末尾，在"源"面板中打开"草原.mp4"视频素材，在"00:00:02:16"位置标记出点（默认入点为视频开始），然后单击"插入"按钮 ，将在"源"面板中所选的"草原.mp4"视频素材片段插入到

"时间轴"面板中，如图4-54所示。

（8）在"时间轴"面板中选择第2段视频素材，向下拖曳，将其移动到V1轨道，然后调整该视频素材的"缩放"为"150.0"。

（9）在"源"面板中打开"沙漠.mp4"视频素材，在"00:00:02:09"位置标记出点，然后单击"插入"按钮，然后调整该视频素材的"缩放"为"150.0"，并在"时间轴"面板中调整视频素材的位置。此时"时间轴"面板如图4-55所示。

（10）在"源"面板中打开"天池.mp4"视频素材，在"00:00:07:11"位置标记入点，在"00:00:16:15"位置标记出点，然后单击"插入"按钮。调整该视频素材的"缩放"为"150.0"、"速度"为"300%"，并在"时间轴"面板中调整该视频素材到V1轨道。

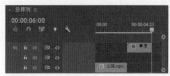

图4-54

图4-55

（11）在"项目"面板中将"河岸.mp4"视频素材拖曳到"时间轴"面板中的V1轨道，然后调整该视频素材的"缩放"为"150.0"、"速度"为"300%"。

（12）在"时间轴"面板中将时间指示器移动到"00:00:14:04"位置，将鼠标指针移动到"河岸.mp4"视频素材的末尾，当鼠标指针变为"修剪出点"图标后将其向左拖曳，直至与时间指示器对齐，如图4-56所示。

（13）将"独库公路.mp4"视频素材拖曳到"时间轴"面板中的V1轨道，调整该视频素材的"缩放"为"150.0"、"速度"为"500%"，然后调整该视频素材的出点为"00:00:17:05"，如图4-57所示。

图4-56

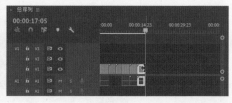

图4-57

（14）在"源"面板中打开"河流.mp4"视频素材，在"00:00:12:17"位置标记入点，在"00:00:23:22"位置标记出点，然后单击"插入"按钮。调整该视频素材的"缩放"为"150.0"、"速度"为"300%"，并在"时间轴"面板中调整视频素材位置为V1轨道。

（15）在"源"面板中打开"雪山.mp4"视频素材，在"00:00:19:04"位置标记入点（默认出点为视频结束位置），然后单击"插入"按钮。调整该视频素材的"缩放"为"150.0"、"速度"为"600%"，并在"时间轴"面板中调整视频素材位置为V1轨道。

↘ 4.4.3 添加并设置转场效果

剪辑后的短视频都是一个个单独的视频片段，而有些视频片段之间的转换较为生硬，影响了短视频风格的统一性和内容的完整性，因此还需要在视频片段之间添加巧妙、自然的转场效果，以保证短视频节奏和叙事的流畅性，具体操作如下。

微课视频：添加
并设置转场效果

（1）将时间指示器📍移动到视频开头，打开"效果"面板，依次展开"视频过渡""溶解"栏，选择"黑场过渡"选项，将其拖曳到V1轨道的起始位置，如图4-58所示。

（2）在"时间轴"面板中选择添加的"黑场过渡"视频过渡效果，在"效果控件"面板中修改持续时间为"00:00:02:00"，如图4-59所示。

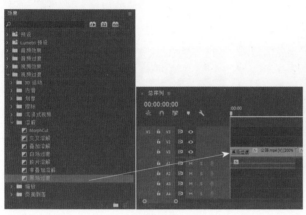

图4-58

图4-59

> **高手秘技**
>
> 在"时间轴"面板中将鼠标指针移动到过渡效果的结束位置，当鼠标指针变为🔁图标后进行拖曳，可调整过渡效果的持续时间。

（3）在"时间轴"面板中选择V1轨道中除第1个视频素材外的其余视频素材，按【Ctrl+D】组合键，快速应用默认的过渡效果（即"交叉溶解"视频过渡效果）。

（4）在"时间轴"面板中选择第1个"交叉溶解"视频过渡效果，在"效果控件"面板中设置"对齐"为"终点切入"、"持续时间"为"00:00:00:15"。

> **高手秘技**
>
> 若要修改默认的过渡效果，可在"效果"面板中选择新的过渡效果，单击鼠标右键，在弹出的快捷菜单中选择"将所选过渡设置为默认过渡"命令，设置的默认过渡效果将呈高亮显示。

↘ 4.4.4 添加视频特效

此时，短视频整个框架已经基本完成，但部分视频画面色调比较暗淡，部分视频画面显得比较平淡，没有足够的吸引力，因此可以在短视频中添加一些特效，具体操作如下。

微课视频：添加
视频特效

（1）在"项目"面板单击"新建项"按钮█，选择"调整图层"选项，打开"调整图层"对话框，单击 ▭确定 按钮。

（2）将"项目"面板中的调整图层素材拖曳到"时间轴"面板V2轨道短视频开始位置，调整图层素材的出点为短视频出点位置，如图4-60所示。

（3）打开"效果"面板，依次展开"视频效果""变换"栏，将"裁剪"视频效果拖曳到"时间轴"面板中的调整图层素材上。此时将自动打开"效果控件"面板，在其中的"裁剪"栏中分别单击"顶部"和"底部"选项左侧的"动画切换"按钮▣，添加关键帧，并设置数值均为"50.0%"，如图4-61所示。

图4-60

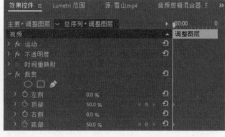
图4-61

（4）将时间指示器█移动到"00:00:02:02"位置，在"裁剪"栏中设置"顶部"和"底部"的数值均为"10.0%"。

（5）如果发现第1段视频素材比较暗淡，可打开"效果"面板，依次展开"视频效果""颜色校正"栏，将"亮度与对比度"视频效果拖曳到"时间轴"面板中的第1段视频素材上，在"效果控件"面板中展开"亮度与对比度"栏，并调整参数，如图4-62所示。

（6）在"节目"面板中查看调整前后的效果，效果如图4-63所示。

图4-62

图4-63

（7）使用相同的方法为第2段视频素材添加"亮度与对比度"视频效果，在"效果控件"面板中展开"亮度与对比度"栏，调整"亮度"为"16.0"、"对比度"为"30.0"。

（8）打开"效果"面板，依次展开"视频效果""生成"栏，将"镜头光晕"视频效果拖曳到"时间轴"面板中的第2段视频素材上。

（9）将时间指示器 移动到"00:00:03:12"位置，在"效果控件"面板中展开"镜头光晕"栏，单击"光晕中心"选项左侧的"动画切换"按钮 ，将时间指示器 移动到"00:00:05:00"位置，在"效果控件"面板中调整"光晕中心"的参数，如图4-64所示。

（10）打开"效果"面板，依次展开"预设""模糊"栏，将"快速模糊出点"视频效果拖曳至"时间轴"面板中的最后1段视频素材上。在"效果控件"面板中展开"快速模糊（快速模糊出点）"栏，选中"重复边缘像素"复选框，如图4-65所示。

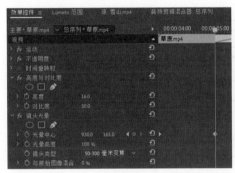
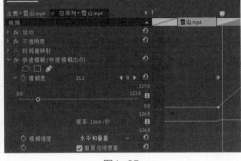

| 图4-64 | 图4-65 |

↘ 4.4.5　添加文字和背景音乐

为了突出短视频"新疆旅行"的主题，可以为短视频添加文字和背景音乐，同时也能丰富短视频的视听效果，具体操作如下。

微课视频：添加
文字和背景音乐

（1）将时间指示器 移动到短视频开始位置，在"工具"面板中单击"文字工具"按钮 ，在"节目"面板中单击确定文字输入点，然后输入文字。在"基本图形"面板中的"文本"栏中编辑文字属性（也可以在"效果控件"面板中的"文本"栏中操作），如图4-66所示。

（2）在"基本图形"面板中的"对齐并变换"栏中单击"水平对齐"按钮 和"垂直对齐"按钮 ，如图4-67所示，使文字水平居中于视频画面中心。

（3）在"时间轴"面板中调整文字的出点为"00:00:03:11"，并为文字应用"裁剪"视频效果。在"效果控件"面板中的"裁剪"栏中单击"右侧"选项左侧的"动画切换"按钮 ，并设置数值为"77.0%"。将时间指示器 移动到"00:00:03:06"位置，单击"右侧"选项对应的"重置参数"按钮 ，恢复默认值，如图4-68所示。

| 图4-66 | 图4-67 | 图4-68 |

（4）在"效果控件"面板中选择步骤3创建的两个关键帧，单击鼠标右键，在弹出

的快捷菜单中选择"贝塞尔曲线"命令，在右侧的速率图表中通过拖曳关键帧上的控制点，调整关键帧插值的变化状态，使文字的出现更和缓，如图4-69所示。

（5）将时间指示器🗓移动到"00:00:03:12"位置，选择V3轨道中的文字，按住【Alt】键，向右拖曳复制文字。此时"时间轴"面板如图4-70所示。

（6）在"时间轴"面板中调整复制文字的出点与整个短视频出点一致；在"效果控件"面板中的"裁剪"栏，单击鼠标右键，在弹出的快捷菜单中选择"清除"命令；在"节目"面板中修改文字，并将文字置于视频画面中心。

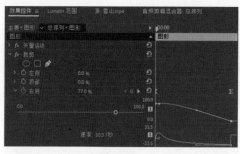

图4-69   图4-70

（7）将时间指示器🗓移动到"00:00:03:12"位置，在"效果控件"面板中展开"文本"栏，单击"源文本"选项左侧的"动画切换"按钮🕐。将时间指示器🗓移动到"00:00:06:01"位置，在"节目"面板中修改文字，并将文字置于视频画面中心。

（8）使用相同的方法依次在"00:00:08:08""00:00:11:09""00:00:14:04""00:00:17:05""00:00:20:23"位置修改文字，并使文字置于视频画面中心，然后为复制文字添加"快速模糊入点""快速模糊出点"预设效果。

（9）将"音效"文件夹中的音效文件（配套资源：\素材文件\第4章\音效\）全部导入"项目"面板中，然后将"打字音效.mp3"拖曳到A1轨道。

（10）调整音效的"速度"为"70%"，将时间指示器🗓移动到"00:00:02:19"位置，在"工具"面板中单击"剃刀工具"按钮🔪（或按【Ctrl+K】组合键剪切），在时间指示器🗓位置剪切A1轨道上的音效，如图4-71所示，然后删除剪切后的后半段音效。

（11）将时间指示器🗓移动到"00:00:02:11"位置，将"背景音乐.mp3"拖曳到A1轨道中音效的后面，如图4-72所示。

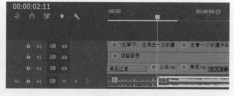

图4-71   图4-72

（12）使用"剃刀工具"🔪在V1轨道上最后一段视频素材的出点位置剪切背景音乐，然后删除剪切后的后半段背景音乐。

（13）打开"效果"面板，依次展开"音频过渡""交叉淡化"栏，将"指数淡化"视频效果拖曳到"时间轴"面板中背景音乐的出点位置。

4.4.6 在Premiere中导出短视频

要将完成后的短视频发布在短视频平台中，还需在Premiere中导出短视频，具体操作如下。

微课视频：在
Premiere中导出
短视频

（1）选择"时间轴"面板，按【Ctrl+M】组合键，打开"导出设置"对话框，在右侧"导出设置"栏中的"格式"下拉列表中选择"H.264"选项，如图4-73所示。单击输出名称后的"总序列.mp4"超链接，打开"另存为"对话框，设置"文件名"为"新疆旅行Vlog"，单击 保存(S) 按钮。

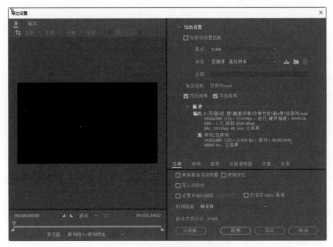

图4-73

（2）返回"导出设置"对话框，单击 导出 按钮，等待提示完成即可导出短视频（配套资源：\效果文件\第4章\新疆旅行Vlog.mp4、新疆旅行vlog.prproj），查看完成后的效果。最终效果如图4-74所示。

图4-74

【案例分析】

小熊电器 ——"大地食装秀第二季春日美好正当食"

创意小家电品牌小熊电器以"大地食装秀"为主题，以古诗词为创意灵感，将小熊电器产品和古诗词里的美食风味融合在一起，制作了一系列短视频。该系列短视频向人们展现了丰富多彩的生活方式和美好的春日户外场景，传递了"春日美好正当食"的理念，唤醒了人们对美好生活的向往，与用户共情，同时也与"小熊电器——年轻人喜欢的小家电"品牌认知相呼应，迅速"出圈"。

该系列短视频主要展现了6个不同的春日场景（图4-75所示为油菜花田场景的视频截图），每个短视频都展现了一幅万物新生、绿意盎然的春日图景，不仅氛围一致，而且文字大小、间距、字体类型、位置等都具有统一性。同时该系列短视频还配有温柔的女声旁白和背景音乐，以及风声、水声、鸟鸣声等音效，展现了一场春天的美食盛宴。

图4-75

上网搜索以上案例，查看该系列短视频的完整内容，然后回答以下问题。

（1）从视频画面的角度分析该系列短视频为什么引起众多年轻人的广泛关注？

（2）从短视频剪辑的角度分析，如何让短视频富有创意？

【任务实训】

↘ 实训1——使用剪映专业版剪辑"草莓采摘"短视频

1. 实训背景

草莓采摘旺季即将来临，成都某果园为了吸引更多人来采摘草莓、提升草莓销量，并扩大果园的知名度，准备制作一个"草莓采摘"短视频发布到各大短视频平台，现已拍摄了多段视频素材。

2. 实训要求

在剪映专业版中剪辑视频素材，为其添加合适的文字和特效，美化视频画面和强调视频主题，从而增强短视频吸引力。短视频整体时长为20秒，参考效果如图4-76所示。

图4-76

3. 实训思路

（1）启动剪映专业版，在主界面中单击"开始创作"按钮 ➕，进入工作界面。在工作界面右侧单击 [修改] 按钮，修改草稿名称为"草莓采摘"。

微课视频：使用剪映专业版剪辑"草莓采摘"短视频

（2）将"草莓视频素材"文件夹（配套资源:\素材文件\第4章\草莓视频素材\）导入"素材"面板中，然后将"草莓外观1.mp4"视频素材拖动到"时间轴"面板。

（3）在"编辑"面板中单击"变速"选项卡，在其中设置"倍数"为"3.0x"。分别在"00:00:01:13"和"00:00:03:08"位置单击"分割"按钮 ✂️ 分割视频素材，然后删除"00:00:01:13"和"00:00:03:08"中间的视频素材。

（4）将时间指示器 ▮ 移动到两段视频素材中间，将鼠标指针移动到"素材"面板中"草莓采摘.mov"视频素材上，单击"添加到轨道"按钮 ⊕，然后调整插入视频素材的"倍数"为"3.0x"。

（5）分别在"00:00:04:13"和"00:00:11:13"位置分割视频素材，然后删除分割后的第1段和第3段视频素材；分别在"00:00:03:12"和"00:00:05:01"位置分割视频素材，然后删除分割后的中间段视频素材。

（6）调整"时间轴"面板中第3段视频素材的"倍数"为"5.0x"，在"00:00:04:13"位置插入"草莓外观2.mp4"视频素材，调整"草莓外观2.mp4"视频素材的"倍数"为"6.0x"。在"00:00:08:27"位置分割视频素材，删除分割后的后半段视频素材。

（7）在"00:00:08:27"位置插入"草莓卖点.mp4"素材，调整"草莓卖点.mp4"的"倍数"为"6.0x"。分别在"00:00:10:05""00:00:11:10""00:00:12:29""00:00:14:02"位置分割视频素材，删除分割后的第1段和最后1段视频素材。

（8）选择"时间轴"面板中的第1段视频素材，在"编辑"面板中单击"动画"选项卡中的"组合"选项，在展开的列表中选择"滑入波动"选项，为其添加组合动画。使用相同的方法为第2段和第3段视频素材应用不同的组合动画，为最后一段视频素材应用出场动画，如图4-77所示，并调整动画时长。

（9）将时间指示器■移到第1段和第2段视频素材之间，在"素材"面板中单击"转场"选项卡，为其添加"推近"转场，如图4-78所示。接着在第3段视频素材和第4段视频素材之间添加"云朵"转场。

图4-77　　　　　　　　　　　　　　　　图4-78

（10）在"素材"面板中单击"滤镜"选项卡，将"清晰"滤镜添加到"时间轴"面板，并在"时间轴"面板中调整滤镜的入点和出点，如图4-79所示。

（11）在"素材"面板中单击"模板"选项卡，单击"素材包"选项卡，将图4-80所示的素材添加到"时间轴"面板中。

图4-79　　　　　　　　　　　　　　　　图4-80

（12）在"时间轴"面板中调整素材的入点和出点，然后双击添加的素材，在"编辑"面板中修改素材文字，如图4-81所示。

（13）在"素材"面板中单击"文本"选项卡，在"片头标题"列表中将图4-82所示的模板添加到"时间轴"面板中，在"时间轴"面板中调整模板的入点和出点，在"编辑"面板中修改模板中的文字。继续在"时间轴"面板中添加其他模板，并修改模板的入点和出点，以及其中的文字。

图4-81　　　　　　　　　　　　　　　　图4-82

（14）在"素材"面板中单击"音频"选项卡，在"音乐素材"列表选择"轻快"选项，将其中的"橘子汽水"音频添加到"时间轴"面板中。在短视频结束位置分割音频，删除分割后的后半段音频。

（15）单击工作界面中的 📤导出 按钮，在"导出"对话框中选择文件的保存位置，然后单击 导出 按钮完成导出操作（配套资源:\效果文件\第4章\草莓采摘.mp4）。

实训2——使用Premiere剪辑"新品腰果仁"短视频

1. 实训背景

零食电商品牌好食光的新品腰果仁即将上市，为了让更多人了解该产品，其准备制作一个宣传短视频。

2. 实训要求

使用Premiere剪辑视频素材，并在短视频中展现品牌名称——好食光，通过文案体现产品卖点，通过装饰素材丰富画面效果，以吸引用户购买产品。参考效果如图4-83所示。

图4-83

3. 实训思路

（1）新建名为"'新品腰果仁'短视频"的项目文件，并将需要的素材文件全部导入"项目"面板（配套资源:\素材文件\第4章\腰果仁素材\）。在"项目"面板中将"腰果仁视频.mp4"视频素材拖曳到"时间轴"面板中。

微课视频：使用
Premiere 剪辑
"新品腰果仁"
短视频

（2）依次在"00:00:03:17""00:00:09:04""00:00:11:22""00:00:15:10"位置剪切视频素材，然后删除倒数第2段视频素材。新建调整图层，将其拖曳到"时间轴"面板中的V2轨道，调整其入点、出点与视频素材一致。

（3）为调整图层添加"Lumetri颜色"视频效果，在"效果控件"面板中调整"Lumetri颜色"视频效果参数，为视频素材调色。调色前后对比效果如图4-84所示。

（4）为调整图层添加"快速模糊入点"和"快速模糊出点"预设效果，在"效果控件"面板中调整效果参数。

（5）将时间指示器▮移动到短视频开始处，输入文字和绘制矩形，效果如图4-85所示。

图4-84

图4-85

（6）在"时间轴"面板中调整V3轨道中素材的出点为视频结束位置，并为该素材入点添加"交叉溶解"视频过渡效果。

（7）将时间指示器移动到"00:00:01:25"位置，选择V3轨道中的素材，激活"位置""缩放"属性关键帧，将时间指示器移动到"00:00:03:17"位置，修改"位置"和"缩放"属性参数；将时间指示器移动到"00:00:11:22"位置，创建"位置""缩放"属性关键帧；将时间指示器移动到短视频末尾，重置"位置"和"缩放"属性参数。

（8）将时间指示器移动到"00:00:03:17"位置，输入卖点文字，调整该文字图层的出点为"00:00:11:22"位置。在卖点文字的入点位置创建"源文本"关键帧，在"00:00:09:04"位置修改文字。

（9）新建大小为"750像素×1000像素"、名称为"总序列"的序列文件。打开该序列，通过【文件】/【新建】命令新建一个颜色为"#F4D0DB"的颜色遮罩，然后将颜色遮罩和"腰果仁视频"序列分别拖动到V1和V2轨道。

（10）调整"腰果仁视频"序列的"缩放"为"60.0"，颜色遮罩的出点与"腰果仁视频"序列一致。将"腰果仁.png"图片素材拖曳到V3轨道，调整"缩放"和"位置"属性参数，调整该图片素材的入点与整个短视频一致。

（11）在"时间轴"面板中选择"腰果仁.png"素材，单击鼠标右键，选择"嵌套"命令将其嵌套，然后双击进入"嵌套序列01"序列，复制3个图片素材，然后调整图片素材的位置，以及各图片素材轨道在"时间轴"面板中的入点，如图4-86所示。

图4-86

（12）返回"总序列"序列，输入文字，然后将文字嵌套，双击进入"嵌套序列02"序列。使用与步骤11相同的方法复制文字，调整各文字轨道的入点，然后修改文字内容。

（13）返回"总序列"序列，将时间指示器移动到短视频开始位置，输入文字内容和绘制矩形，调整文字和矩形的出点与短视频整体时长一致，并在入点添加"叠加溶解"视频过渡效果。

（14）将"背景音乐.mp3"音频拖动到A1轨道，在短视频结束位置剪切音频，并删除后半段音频，然后在音频出点添加"恒定功率"音频过渡效果。

（15）选择"总序列"序列，按【Ctrl+M】组合键，打开"导出设置"对话框，设置视频文件导出格式为"mp4"，名称为"'新品腰果仁'短视频"，并按【Ctrl+S】组合键保存源文件（配套资源:\效果文件\第4章\"新品腰果仁"短视频.mp4）。

【思考与练习】

一、填空题

1. 常用的剪辑手法主要有_____、_____、_____、_____、_____、_____、_____和蒙太奇。

2. _____是一种在拍摄对象仍在运动时切换视频画面的剪辑手法。

3. _____是一种将不同的两个场景来回频繁切换的剪辑手法，从而建立角色之间的交互关系。

4. 短视频剪辑的流程主要是_____、_____、_____、_____、_____。

5. 一般来说，分割视频素材可以分为_____和_____两个步骤。

二、单选题

1. 将上一视频画面的音效一直延续到下一视频画面中的剪辑手法是（ ）。
   A. L Cut　　　　B. J Cut　　　　C. 匹配剪辑　　　D. 跳跃剪辑

2. 以下选项中，属于短视频剪辑辅助软件的是（ ）。
   A. Premiere　B. 剪映App　　C. Photoshop　D. 剪映专业版

3. Premiere中的（ ）面板可以预览当前时间线所处位置的序列效果，该面板也是最终视频输出效果的预览面板。
   A. "时间轴"　B. "源"　　　C. "节目"　　　D. "项目"

4. 在剪映专业版中，可以通过（ ）面板调整效果参数。
   A. "编辑"　　B. "时间轴"　C. "播放器"　D. "素材"

5. 在Premiere中新建并设置好序列后，如果要修改序列设置，可以通过（ ）命令重新修改序列的各种参数。
   A. 【序列】/【序列修改】　　　　B. 【序列】/【修改序列】
   C. 【序列】/【序列设置】　　　　D. 【序列】/【设置序列】

三、简答题

1. 简述跳跃剪辑这一剪辑手法的原理。
2. 短视频剪辑中需要注意哪些问题？
3. 简述短视频剪辑的流程。
4. 常用短视频剪辑软件主要有哪些？各有什么特点？

四、操作题

1. 使用提供的素材（配套资源:\素材文件\第4章\拖鞋素材.mp4），利用剪映（PC端、移动端任选）制作产品展示短视频。要求将短视频大小调整为"1920像素×1080

像素"，并在视频中添加视频主题、店铺信息和卖点文字，以及贴纸、特效、滤镜等，从而丰富视频画面，完成后的参考效果如图4-87所示（配套资源:\效果文件\第4章\拖鞋产品展示视频.mp4）。

图4-87

2. 使用提供的素材（配套资源:\素材文件\第4章\美食制作素材\），利用Premiere制作名为《美食制作》的Vlog。要求对提供的素材进行剪切、调色处理，然后按照美食制作顺序排列素材，并且还要通过文案简单说明操作步骤，完成后的参考效果如图4-88所示（配套资源:\效果文件\第4章\"美食制作"Vlog.mp4）。

| 起锅烧油，油热后放入葱姜蒜爆香 | 加入适量清水，刚好没过所有食材 | 食材软糯后大火收汁 |

图4-88

第 5 章
短视频发布

【引导案例】

国货护肤品牌珀莱雅在快手、抖音都发布了大量短视频，由于短视频内容大都以产品介绍为主，内容具有一致性，因此其中的同类短视频封面大都版式相同。同时，短视频的标题也比较具有吸引力，如《你知道什么才是好用的水乳吗？》，该标题采用疑问句的形式暗示短视频中有该问题的答案，以引起用户的好奇。

而且部分短视频在发布时还添加了话题标签，如"#水乳套装""#护肤品好物分享""#夏日护肤"，这些标签不仅与短视频内容息息相关，而且非常准确、清晰易懂，更容易被特定的目标用户搜索到。

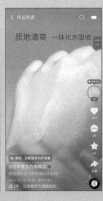

【学习目标】

➤ 掌握写作短视频标题的原则和技巧。

➤ 熟悉短视频封面的类型和制作技巧。

➤ 掌握短视频的发布方法和发布技巧。

5.1 短视频标题写作

标题是"点燃"短视频传播的引线，能够直接影响短视频的点击量。好的标题可以引起用户的好奇，吸引用户观看短视频，从而为短视频带来更多流量。

↘ 5.1.1 短视频标题的写作原则

短视频标题主要用来吸引用户点击短视频观看具体内容。短视频创作者在写作标题时，需遵循以下5个写作原则。

● 真实原则：短视频标题的重要写作原则之一就是真实原则，不能做"标题党"（"标题党"是指用夸张的标题来吸引用户注意力，以达到增加点击量或提高知名度的目的，内容却可能严重失真），这样才能获得用户的信任，否则容易引起用户的反感。

● 创新原则：创新原则是指写作短视频标题时，不能与其他相同主题的短视频标题完全一致。因为一旦标题重复，短视频平台通常会优先推荐粉丝数量更多的短视频账号所发布的短视频。

● 大众原则：短视频需要展示给大多数用户，因此，短视频创作者需要把短视频标题写得通俗易懂，让用户能迅速明白标题所表达的意思。图5-1所示的短视频标题《1000元老小区大套一》，语言就简洁易懂。

● 情感原则：人都是有感情的，所以在写作短视频标题时可以融入情感，以情动人，用情来感动用户。图5-2所示的短视频标题《妈妈，我爱你》，直白的语言中蕴涵着真挚的情感，容易引起用户共鸣。

● 好奇心原则：好奇心是用户观看短视频的主要驱动力之一，当用户产生好奇时，就会去探寻问题的答案。图5-3所示的短视频标题《什么才是好用的水乳？》，通过提问引起用户的好奇，引导其继续观看短视频。

图5-1

图5-2

图5-3

↘ 5.1.2 短视频标题的写作技巧

好的短视频标题可以引起用户的兴趣，增加点击量，从而提升短视频的传播效果。因此，为了让短视频更加引人注目，短视频创作者还需掌握一些短视频标题的写作技巧。

- **借助名人**：名人是大众所关注的对象，因此很多广告都在利用名人的影响力。短视频的标题也可以借助名人，以增加短视频的播放量，但短视频内容应与名人有关联。如果短视频内容涉及名人的观点，那么可以将其姓名加入标题。

- **借助热点**：借助热点主要是借助最新的热门事件，并以此为标题创作源头。注意选择与自己定位和内容相关的热点，不要盲目跟风，而且可对热点进行创新和变化，结合自己的特色和风格写作标题。

- **使用疑问句式**：将标题变成一个简单的疑问句，可以激发用户的点击欲望，提高短视频的播放量。图5-4所示的短视频标题《猪油到底健不健康，有证据吗？》对大众化的话题设置疑问，容易吸引目标用户点击观看。

- **使用数字**：数字化标题是将短视频的重要内容用数字体现出来的标题。用户在短视频平台浏览时，停留在标题上的时间一般很短。数字化标题直观、简洁明了，能够让用户短时间抓住短视频内容的关键信息。图5-5所示的短视频标题《十秒找出上万个重复数据！》，通过数字"上万"表明了工作量大，"十秒"则暗示短视频中有轻松解决该问题的办法，简洁明了地说明了短视频内容的重点，从而吸引用户点击。

- **具有针对性**：目前很多短视频内容都向着垂直细分方向发展，因此，在写作短视频标题时也可以明确指出短视频所针对的目标人群。这种方式虽然有一定的局限性，但更能够引起目标人群的关注。图5-6所示的短视频标题直接将视频的目标人群定位到设计师，可以直接吸引对这部分内容感兴趣的人群。

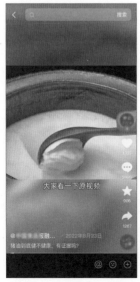 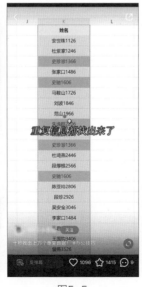 

图5-4　　　　　　　　图5-5　　　　　　　　图5-6

素养课堂

当前，部分短视频创作者为了博取流量、关注，在短视频平台上发布不实信息，"标题党"的问题接连不断。"标题党"看似标新立异，实则是为了博取流量、关注，炒作热点话题，混淆视听，严重败坏了社会风气，不利于社会正能量的传播，有违社会主义核心价值观。这种网络传播乱象行为不仅破坏了短视频平台健康的生态，也影响了用户的观看体验。

党的二十大报告提出"健全网络综合治理体系，推动形成良好网络生态"，这为我国网络生态治理指明了前进方向，为网络强国建设提供了坚实的法治保障。中国网络视听节目服务协会发布的《网络短视频内容审核标准细则》中包含了100条审核标准，围绕短视频作品的标题做出了多项规定。作为短视频创作者，应该严格遵守相关法律法规，文明创作，共同维护良好的网络生态环境。

5.2 制作短视频封面

用户在选择是否观看短视频时，首先会注意到短视频的封面，因此，一个美观的封面会为短视频加分不少。

5.2.1 短视频封面的类型

短视频封面可以给用户留下至关重要的第一印象，而要制作短视频封面，首先需要了解短视频封面的类型。目前常见的短视频封面主要有以下5种。

1. 拼图类封面

拼图类封面就是将多张图片（可以是短视频中的截图，也可以是效果前后对比图）拼接在一起的封面。这类封面可以展示出丰富的内容，常用于产品评测、美食等内容领域的短视频。一般来说，这种类型的封面风格和色调都比较统一，实用性很强，但文字内容较少，以清晰地传递图片信息为主，如图5-7所示。

2. 遮罩式封面

遮罩式封面就是在短视频的上下部分添加遮罩，并在遮罩中添加文字信息（一般上部分为短视频标题，下部分为短视频旁白）的封面。这类封面不仅可以直观地展现短视频的内容，而且可以让短视频的风格更加统一，比较适合横版短视频，常用于音乐、舞蹈、影视等主题的短视频，如图5-8所示。

3. 人物类封面

人物类封面就是将真人作为主体的封面。这类封面可以直接用短视频中以人物为主体的截图，也可以拍摄人物照片，再通过后期处理后使用，以突出人物。很多真人出镜的短视频都采用人物类封面，如图5-9所示。需要注意的是，封面中人物的动作和表情要符合短视频内容风格。

图5-7

图5-8

图5-9

4. 截图类封面

截图类封面非常常见，常分为两类。一类常以短视频中的画面截图为背景，然后添加必要的、能够突出重点的概括性标题，虽然封面的设计感不是很强，但是非常吸引视线，如图5-10所示。另一类只以短视频中的画面截图为封面，无任何文字，重点展示画面内容，如图5-11所示。注意，截图的画面不但要美观，还要能够代表短视频的主要内容。

5. 文字标题类封面

文字标题类封面是指直接以文字内容为主的封面（或只有文字）。这类封面简单清晰，可以直接表达出短视频的主要内容，方便用户第一时间了解该短视频的主题，而且适用于多种类型的短视频。图5-12所示的封面中就采用了纯色的背景和大号的文字，重点突出了文字内容，非常引人注目。

图5-10

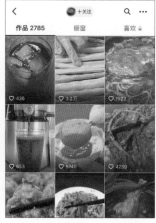
图5-11

图5-12

✍ **高手秘技**

除了以上这些针对单个短视频的封面外，还有一种三联封面。三联封面是指将一个完整的封面切成3份，然后分别用于3个连续的短视频，封面之间无缝连接。这种类型的封面给人带来的视觉冲击力特别强，常用于系列短视频中。需要注意的是，3个短视频的主题应该保持一致。

↘ 5.2.2　短视频封面的制作技巧

短视频封面需要吸引用户点击，才能有效提高短视频的播放量。而要做到吸引用户点击，短视频创作者需掌握以下技巧。

- 封面图片要画面清晰、构图美观，避免使用过暗或过亮的图片，要让用户产生点击欲望；尽可能选择与短视频内容相关的封面图片，要准确传递内容信息。
- 封面中的文字布局要合理，字体要醒目，能第一时间抓住用户眼球，吸引其点击观看；封面中的标题文字要少而精，尽量控制在20个字符以内，避免文字信息过多造成画面杂乱，从而影响用户的观感。
- 一个短视频账号中全部作品的封面的版式、色调、字体等元素的风格尽量保持一致，这样才能让用户对该短视频账号形成一个固定的记忆点，并且统一的封面还能够带给用户审美上的舒适感。

↘ 5.2.3　在线制作短视频封面

短视频封面的制作方法很多，短视频创作者既可以选择专业的图像处理软件——Photoshop，也可以选择在线制作工具来制作，后者使用比较简单、快捷，而且效果也比较好。

某短视频创作者制作了一个大小为1080像素×1920像素的学习短视频，短视频标题为《AI插画教程》。现提供了短视频中的画面截图，需要为该短视频制作一个截图类封面，以画面截图为背景，并添加概括性标题。这里以稿定设计网站为例进行在线制作，具体操作如下。

微课视频：在线制作短视频封面

（1）在浏览器中进入稿定设计官方网站，登录后，在网页左侧选择"稿定模板"选项卡，然后在网页中间选择"物料"栏中的"视频封面"选项，如图5-13所示。

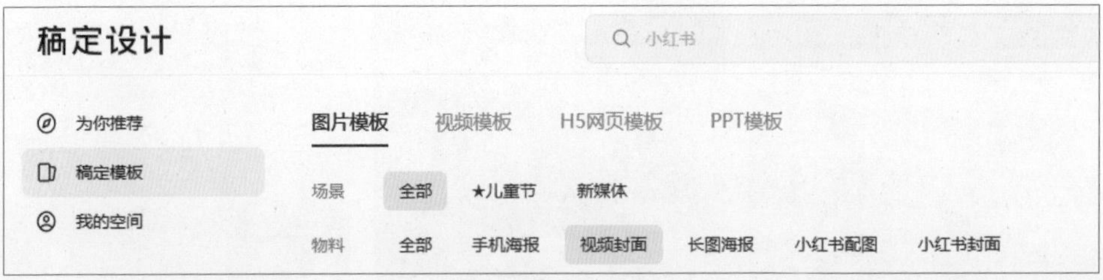

稿定设计　　　　　　　　🔍 小红书

◎ 为你推荐	**图片模板**　视频模板　H5网页模板　PPT模板
🗂 稿定模板	场景　　全部　★儿童节　新媒体
◎ 我的空间	物料　　全部　手机海报　视频封面　长图海报　小红书配图　小红书封面

图5-13

（2）在网页右侧的"版式"下拉列表中选择"竖版"选项，如图5-14所示，然后选择一个合适的短视频封面模板。

（3）进入该模板编辑页面，在右侧"画布"栏中单击 调整尺寸 按钮，在下拉列表中选择"自定义尺寸"选项，然后修改尺寸为"1080px×1920px"，如图5-15所示。

图5-14　　　　　　　　　　　　　　　图5-15

（4）将鼠标指针移动到右侧"背景图"栏中，单击 上传图片 按钮，打开"选择资源"对话框，单击 上传资源 按钮，在打开的"打开"对话框中选择"插画.png"截图素材（配套资源:\素材文件\第5章\插画.png）。

（5）等待图片上传成功后，返回模板编辑页面，选择模板中的夜景图片，单击 替换图片 按钮。在打开的"选择资源"对话框中选择上传的夜景图片，返回模板编辑页面将自动更改模板中的图片。

（6）选择模板中的背景，单击"背景色"栏中的色块，然后在打开的"颜色"对话框中修改背景颜色为"#aadaf0"，如图5-16所示。

（7）选中模板中除背景外的其余素材，将鼠标指针移动到素材左上角（其他3个角亦可），当鼠标指针变为↖形状时拖曳素材，调整素材大小。将鼠标指针移动到素材中，当鼠标指针变为✛形状时拖曳素材，调整素材位置，效果如图5-17所示。

（8）选择模板中任意一个矩形，在"填充"栏中单击橙色色块，在打开的"颜色"对话框中修改橙色为白色，使用相同的方法修改其他矩形颜色，效果如图5-18所示。

（9）选择"这里是重庆"文字，在"特效"栏中选择文字特效，如图5-19所示。

图5-16　　　　　　图5-17　　　　　　图5-18　　　　　　图5-19

（10）使用与步骤（9）相同的方法依次修改其余文字特效，并移动中间部分文字的位置。选择模板中的黄色边框，按【Delete】键删除，然后单击"素材"选项卡，选择"形状"栏中的矩形图标，如图5-20所示。

（11）在模板中调整添加的矩形素材为插画图片的外框，并设置矩形素材的颜色为"#ffffff"。选择矩形素材，单击鼠标右键，选择【图层顺序】/【移到底层】命令，再次单击鼠标右键，选择【图层顺序】/【上移一层】命令，效果如图5-21所示。

（12）修改模板中的文字，效果如图5-22所示。修改完成后，单击 下载 按钮，在打开的下拉列表中单击 下载 按钮，将完成后的封面下载到当前计算机中（配套资源:\效果文件\第5章\AI插画教程封面.jpg）。

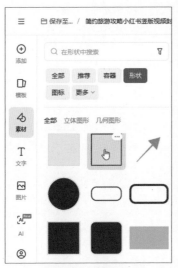
图5-20

图5-21

图5-22

高手秘技

在线制作短视频封面的网站除了稿定设计外，还有图怪兽、Canva可画、创客贴、来画，以及短视频剪辑软件——剪映。在剪映（这里以剪映App为例，剪映专业版中的操作基本相同）中制作短视频封面的操作为:导入视频素材，然后在"时间轴"面板中点击"设置封面"选项，在打开的界面中可以选择当前短视频中的某一帧作为封面背景，也可以选择从相册导入一张图片作为封面背景，然后根据实际需求在背景图片中添加文字，或直接为背景图片应用封面模板。

5.3 短视频发布方法

一般来说，发布短视频有两种方法，一种是利用短视频剪辑软件发布，另一种是利用短视频平台发布。

↘ 5.3.1 利用短视频剪辑软件发布

在短视频剪辑软件中完成剪辑后，短视频创作者可以直接通过该剪辑软件将短视频发布到相应的短视频平台，例如，在剪映App可以将短视频发布到抖音、西瓜视频。下面介绍利用剪映App将短视频发布在抖音的步骤，具体操作如下。

微课视频：利用短视频剪辑软件发布

（1）在剪映App中预览完成后的短视频内容，确认无误后点击 导出 按钮。此时剪映App开始导出短视频并显示导出进度，如图5-23所示。

（2）导出完成后，在显示的界面中点击"抖音"按钮♪，如图5-24所示。

（3）启动抖音App（需提前安装在手机上），在打开的界面中依次点击 下一步 按钮，直至打开抖音App的发布界面，点击缩略图中的"选封面"选项，如图5-25所示。

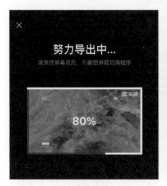

图5-23　　　　　　　　　图5-24　　　　　　　　　图5-25

（4）在打开的界面中拖曳中间的预览条，选择需要作为封面的视频画面，然后点击 保存 按钮，如图5-26所示。

（5）在发布界面的文本框中输入合适的短视频标题，然后点击抖音平台推荐的与短视频内容相关的话题（如果推荐话题不合适，可点击 #话题 按钮，在弹出的下拉列表中选择热门话题），如"#总要去趟都江堰吧""#蓝眼泪"，效果如图5-27所示。

（6）点击"公开·所有人可见"选项，如图5-28所示，可在弹出的面板中设置短视频发布后的可见范围。

图5-26　　　　　　　　　图5-27　　　　　　　　　图5-28

107

（7）点击"高级设置"选项，可在弹出的面板中设置短视频发布的其他选项，然后在"发布"界面点击 * 发布 按钮即可发布短视频。

5.3.2　利用短视频平台发布

短视频平台基本都支持"拍摄—剪辑—发布"的短视频创作模式，短视频创作者可以利用短视频平台拍摄并剪辑短视频，然后将短视频发布到对应的短视频平台上，也可以将已经创作好的短视频发布到短视频平台上。下面介绍在小红书App中发布短视频的步骤，具体操作如下。

微课视频：利用
短视频平台发布

（1）打开小红书App，点击"创作"按钮➕，在打开的界面中点击"进入相册"选项，如图5-29所示。

（2）在打开的界面中选择需要发布的短视频，并点击 下一步(1) 按钮。

（3）在打开的界面中可重新剪辑短视频，并添加文字、贴纸、滤镜、标记、背景等。这里直接点击 下一步(1) 按钮，进入发布界面，点击缩略图中的"添加封面"选项，如图5-30所示。

（4）在打开的界面下方拖曳预览条，选择需要作为封面的视频画面。这里点击"相册导入"按钮，如图5-31所示。

图5-29

图5-30

图5-31

（5）从相册中选择通过在线网站制作的视频封面图片"封面.jpg"（配套资源:\素材文件\第5章\封面.jpg），然后点击 下一步 按钮，如图5-32所示。在打开的界面中可编辑视频封面图片，这里直接依次点击 ✓ 按钮和 完成 按钮。

（6）返回发布界面，在文本框中输入短视频的标题和描述内容，添加话题后点击

发布笔记 按钮，如图5-33所示，便可完成发布操作。

（7）等待发布进度条完成后，可查看发布效果，如图5-34所示。

图5-32

图5-33

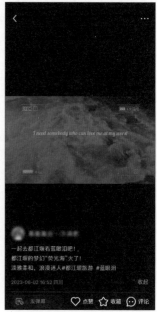
图5-34

5.4 短视频发布技巧

为了使精心创作的短视频能够被更多用户看到，短视频创作者还应该掌握一些短视频发布技巧。

5.4.1 选择合适的发布时间

发布时间是影响短视频发布效果的一个重要因素，即使是同一部作品，如果在不同的时间段发布，其发布效果都可能会有很大的不同。因此，选择合适的时间发布短视频，有助于短视频获得更高的播放量、点赞量、分享量等。选择发布时间时，短视频创作者可在以下4个时间段发布适宜类型的短视频。

（1）6:00—8:00。这个时间段内短视频用户通常处于起床、吃早饭、预上班或预上学的状态，发布美食、健身、新闻或正能量类型的短视频，容易获得用户关注。

（2）12:00—14:00。这个时间段内短视频用户通常处于午饭或休息的状态，很多人会选择浏览自己感兴趣的短视频，在工作或学习之余放松身心。这个时间段适合发布幽默搞笑风格的短视频。

（3）18:00—20:00。这个时间段内短视频用户通常处于下班、放学、吃晚饭或休息的状态，大部分用户会通过观看短视频来打发时间。这个时间段几乎是所有类型短视频的发布时间，生活和旅游等类型的短视频更容易获得用户的关注。

（4）21:00—23:00。这个时间段内短视频用户通常处于晚上睡觉前的休息状态。这个时间段是短视频用户较活跃的时间段，同样适合发布任意类型的短视频，情感、美食等内容领域的短视频更容易被用户关注。

为了获得更多的流量，短视频创作者还可以根据不同的用户群体调整发布时间。操作时，短视频创作者需要先分析短视频平台目标用户的活跃时间分布情况，具体可以利用专门的短视频数据分析工具来查看，如飞瓜数据等。图5-35所示为抖音上关注某短视频创作者的用户的活跃时间，从中可以明显看出用户在一天中的活跃时间分布情况和一周的活跃时间分布情况。短视频创作者只要选择在用户活跃度高的时间段发布短视频，就可能获得很好的短视频发布效果。

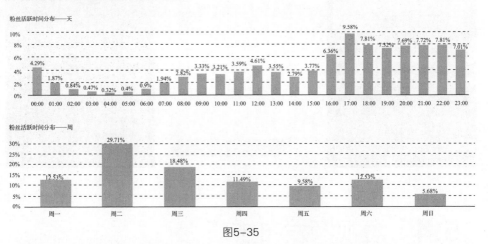

图5-35

除了在固定时间段发布短视频外，短视频创作者还可以不固定发布时间，主要有两种情况。一是根据短视频具体内容而定。例如，短视频内容是制作营养早餐，则可以选择在早餐时间发布；若是制作晚餐，则可在晚餐时间发布。二是节假日顺延发布。在节假日期间，大部分用户可能会晚睡、晚起，因此，短视频创作者就可以适当顺延发布时间。

高手秘技

除了选择合适的发布时间外，短视频创作者还要注意短视频的发布频率。一般来说，质量高、制作精良的短视频，其创作时间往往更长，因此其发布频率相对更低。而普通的创作者则可以每日都发布短视频，且数量可以达到两条及以上。总的来说，短视频发布频率应当视创作者创作的内容而定，但发布频率确定后尽量不要随意调整，以免影响用户的观看习惯。

↘ 5.4.2　添加话题标签

话题标签通常以"#+短语"的形式体现，如"#美食制作""#搞笑""#挑战赛"

等。话题标签的类型多种多样，如与某个流行事件挂钩的事件话题、与某个活动挂钩的活动话题，或者与某个主题挂钩的主题话题等。在发布短视频时插入与短视频内容相关的话题标签，容易获得更多用户的关注，可以有效提升短视频的推广效果。而要添加高质量的话题标签，可以从以下方面入手。

1. 话题标签数量要适当

一般来说，在发布短视频时添加2~3个话题标签比较合适，最多不超过4个。如果话题标签的数量过多，会让短视频显得过于商业化，从而影响用户的观感和互动体验；如果话题标签数量太少，则可能会影响短视频的曝光量和分类精准性。另外，每个话题标签的字数不宜过多，在5个字符以内为佳。话题标签过于复杂或冗长，会让用户难以记忆和识别。

2. 话题标签要语义化

话题标签要语义化是指在添加标签时，要尽可能地遵循语言的规范和习惯。简单来说，话题标签应当具备准确、简洁、易懂等特点。这样不仅可以帮助短视频平台快速、精准地分类和推荐短视频，以提升短视频的曝光量和用户互动率，还可以让用户快速把握短视频主题和相关信息，也方便用户快速找到和浏览短视频。

3. 注意话题标签的细节化

话题标签不仅要覆盖短视频的主要内容和主题，还要做到细节化，并具有能区分的特点。例如，美食类短视频如果将话题标签设置为"#美食"，则覆盖范围过于广泛，因此可以进一步添加"#甜品""#烤鸭"等细分标签，这样精确性更高，也可以更好地吸引和留存目标用户。

5.4.3　添加定位

添加定位是指在发布短视频时将某地点作为该短视频的发起位置，可以让用户更好地获取当前位置信息，并且在一定程度上增强互动和社交效果。添加定位的方法一般有3种。

（1）根据短视频内容添加定位。例如，短视频内容是成都欢乐谷游玩，则发布短视频时应定位为"成都欢乐谷"。

（2）定位在人流量较大的商圈。这些位置人流量大，相对来说上网用户较多，浏览短视频的用户数量也较多，从而可提高短视频的曝光率。

（3）定位在当前短视频账号所在的城市。采用这种方法添加定位后，短视频会被推送给该城市区域内的用户，有助于增加短视频的观看和分享数量，并且建立更紧密的地域社交关系。例如，短视频创作者在某商场拍摄了一个产品介绍短视频，通过这种方法添加定位并发布短视频，能够快速将该短视频推荐给商场附近的用户。

【案例分析】

抖音×莫言——《有人读着，书就活着》

4月23号是世界读书日，为了更好地满足人民的精神文化需求，激活全民阅读活力，推动全社会形成爱读书、读好书的浓厚氛围，加快建设文化强国，抖音上线了

"抖音好书榜"功能，并携手莫言推出了《有人读着，书就活着》短视频，如图5-36所示。

图5-36

该短视频以《有人读着，书就活着》为标题，以"AI会取代书籍吗？听听莫言的回答"为切入点，以设问句的形式让用户带着好奇心浏览下去。《有人读着，书就活着》，该标题既简短又富有力量，让用户能迅速明白标题所表达的意思。另外，短视频内容展现了日常生活场景里爱看书的人，以及他们阅读的场景，视频中莫言的旁白，既是对"AI会取代书籍吗？"的回答，又是对这些爱读书的人的盛赞，也是对标题的呼应，更是对世界读书日呼吁人们读书的号召。短视频封面以人物（莫言）为主体，这一画面同时也是视频中的截图，非常具有真实性，并添加了标题和重要文字。

该短视频由抖音官方账号在2023年4月23号直接发布在抖音，而且还添加了"#抖音读书日""#最便宜的好事是读书""#全抖音都在读什么书""#好书大晒"4个话题标签。这些话题标签都与读书相关，而且简明易懂。

上网搜索以上案例，查看短视频的完整内容，然后回答以下问题。

（1）该短视频的标题有什么特点？运用了什么写作技巧？

（2）你认为在发布短视频时还可以运用哪些技巧？

【任务实训】

↘ 实训1——制作学习短视频封面

1. 实训背景

高考季即将来临，某学习类短视频创作者制作了一个大小为1080像素×1920像素的高考励志短视频，现需要为该短视频制作一个文字标题类封面，通过鼓舞人心的文字来激发用户的情感共鸣。

2. 实训要求

利用稿定设计进行在线制作，选择合适的视频封面模板，将提供的图片素材作为封面背景，参考效果如图5-37所示。

3. 实训思路

（1）进入并登录稿定设计官方网站，在网站中选择一个合适的视频封面模板。视频封面模板如图5-38所示。

图5-37

（2）点击进入该封面模板编辑界面，在"背景图"栏中上传提供的背景素材"学习.jpg"（配套资源:\素材文件\第5章\学习.jpg），并将其更换为封面模板的背景，效果如图5-39所示。

微课视频：制作学习短视频封面

（3）修改模板中文字的内容、字体和颜色，以及圆角矩形颜色，效果如图5-40所示，然后下载完成后的封面（配套资源:\效果文件\第5章\学习短视频封面.jpg）。

图5-38

图5-39

图5-40

实训2——发布海边风光Vlog

1. 实训背景

某旅行类短视频创作者制作了一个大小为1920像素×1080像素的海边风光Vlog，现需将其发布到短视频平台，以吸引更多用户前去"打卡"。

微课视频：发布海边风光Vlog

2. 实训要求

将短视频发布到快手，并撰写一个合适的标题，然后添加与"图书馆""学校""校园"相关的话题标签，以及短视频中旅行地的位置。

3. 实训思路

（1）撰写一个短视频标题。考虑到视频内容为海边风光展示，而且制作短视频的目的是吸引用户前去"打卡"，因此这里将短视频标题确定为《海边微风起，我在等风也等你》，从情感的角度来打动人心，营造出一种浪漫、温馨的氛围。

（2）打开快手App，点击"创作"按钮，在打开的界面中点击相册图标，在打开的界面中选择"海边风光Vlog.mp4"视频素材（配套资源:\素材\第5章\海边风光Vlog.mp4）。

（3）点击 **下一步(1)** 按钮，然后点击 **下一步>** 按钮。在发布界面中输入短视频标题"海边微风起，我在等风也等你"。

（4）点击 **# 话题** 按钮，输入文字"海边"，在搜索结果中选择一个话题标签"#海边风景"，使用相同的方法再添加一个"#打卡"话题标签，然后添加定位，最后点击 **发布** 按钮，如图5-41所示。

（5）发布完成后，在个人主页中可以看到发布效果，如图5-42所示。

图5-41

图5-42

【思考与练习】

一、填空题

1. 短视频的写作原则主要包括_____、_____、_____、_____、和好奇心原则。

2. _____封面就是将多张图片拼接在一起，可以展示出丰富的内容的封面。

3. 短视频的发布方法主要有_____和_____两种。

4. _____是指用夸张的标题来吸引用户注意力，以达到增加点击量或提高知名度的目的，内容却可能严重失真。

二、单选题

1. 哔哩哔哩与科普中国、中广联合会健康中国宣传委员会、上海精神卫生中心共同策划的《如何快速变老》短视频，采用了（   ）的标题写作技巧。

A. 借助名人　　　　　　　　　　B. 使用疑问句式

C. 使用数字　　　　　　　　　　D. 具有针对性

2. （　　）就是将真人作为主体的封面。这类封面可以直接用视频中以人物为主体的截图，也可以拍摄人物照片，再通过后期处理，以突出人物。

    A. 模板类封面　　B. 拼图类封面　　C. 人物类封面　　D. 文字类封面

3. 以下选项中，（　　）不属于在线制作短视频封面的工具。

    A. 创客贴　　　　B. 来画　　　　C. Photoshop　　D. 稿定设计

4. 在发布短视频时，话题标签通常以（　　）的形式体现。

    A. #+短语　　　　B. @+短语　　　C. #+长句　　　D. @+长句

三、简答题

1. 如何借助热点写作短视频标题？

2. 短视频封面有哪些类型？

3. 简述短视频封面的制作技巧。

四、操作题

1. 某博主拍摄了一个旅行游玩的短视频（配套资源:\素材文件\第5章\旅行.mp4），准备发布到短视频平台。现需要将其中的某个截图画面制作为封面，要求使用在线制作工具进行制作，效果美观、字体清晰，参考效果如图5-43所示（配套资源:\效果文件\第5章\旅行封面图.jpg）。

2. 某美食商家制作了一个短视频（配套资源:\素材文件\第5章\美食制作.mp4），效果如图5-44所示。现需将其发布到抖音和快手，要求添加与视频内容相关的标题、热门话题标签。

图5-43

图5-44

第6章
短视频推广和运营

【引导案例】

　　如今，越来越多的商家在短视频平台上推广和运营，给自己的产品和品牌带来巨大曝光量和客流量。如蜜雪冰城主题曲MV（Music Video，音乐录影带）在短视频平台"出圈"，引发了各种类型的二次创作热潮，在全网多个平台引起广泛讨论。该短视频中蜜雪冰城品牌IP（Intellectual Property，知识产权）形象"雪王"的魔性舞蹈，以及歌词中不断重复的品牌口号，让用户对该品牌的IP形象记忆尤深。同时，该短视频还引发很多人去蜜雪冰城线下门店"打卡"，为线下门店带来了一大波流量。蜜雪冰城通过该短视频收获了巨大的曝光量，实现了一次品牌的成功"出圈"。

【学习目标】

➢ 熟悉主流短视频平台的推荐机制。
➢ 掌握短视频平台内和短视频平台外的推广方式。
➢ 熟悉短视频运营的工作内容。

6.1　短视频推广

为了让短视频得到更多用户的关注，实现短视频运营的目标，短视频创作者在发布短视频后还需要进行推广活动。

↘ 6.1.1　主流短视频平台的推荐机制

短视频平台的推荐机制是以用户为中心，通过大数据计算，让每个用户看到的短视频内容都各不相同，实现千人千面。短视频创作者在推广短视频之前，需要了解短视频平台的推荐机制，以更好地开展推广工作。

目前来说，主流短视频平台的推荐机制都是大同小异的，大致会经历图6-1所示的4个阶段。

图6-1

1．初审

短视频发布后，短视频平台会使用"机器+人工"的方式审核视频内容，核实短视频中是否有违规内容（低俗信息、虚假消息、负能量内容等）。当短视频不符合平台规范时，将被退回，或被限制推荐（限流）。若短视频出现严重违规行为，平台将会进行删除短视频和封禁账号处理；若短视频没有违规，则通过审核并上线短视频平台。

👆 **高手秘技**

> 需要注意的是，部分短视频平台会对上线后的短视频进行画面消重。例如，某短视频在短视频平台上已经发布过一次了，视频画面与之前发布的短视频相似度太高，短视频平台就会将这个短视频屏蔽或者减少推荐。

2．推荐

推荐是指对于初审通过后的短视频在没有任何用户互动的情况下，平台通过算法将其推荐给一小部分用户观看，给予每个短视频均等的初始曝光机会。在这一阶段，短视频平台会根据短视频的标签信息，如"#美食""#音乐""#舞蹈""#搞笑"等，以及用户的标签信息，如兴趣、性别、年龄、观看习惯等，将短视频推荐给最可能对该短视频标题和内容感兴趣的用户，或者会优先推送给关注该账号的用户和附近的用户等。

3．用户反馈

对于经过推荐的短视频，平台会对曝光的短视频进行数据筛选，对比点赞量、评论量、转发量、完播率等与用户反馈相关的多个数据，并以此判断短视频内容的质量，然后将数据表现出众的短视频放入更大的流量池，给予叠加推荐。依此循环往复，让优质的短视频被更多的用户看到。

在这一阶段，不同短视频平台对短视频质量的考量标准会有所区别。例如，哔哩哔哩除了点赞、评论、收藏、转发等功能，还有投币和弹幕功能，因此，与这些功能相关的数据也是哔哩哔哩考量短视频质量的重要指标。抖音各项数据对短视频质量影响的重要程度为：完播率>点赞率>评论率>转发率。快手各项数据对短视频质量影响的重要程度为：转发率>评论率>点赞率。

4. 停止推荐

若用户反馈不佳，短视频平台则会停止推荐，但部分短视频平台还会给予二次推荐的机会，即短视频平台会重新挖掘数据库中的优质旧内容，并给予更多曝光。例如，某博主在抖音中发布了一条与中秋节相关的短视频，但没有在中秋节发布，因此该短视频的用户反馈一般，但当中秋节来临时，该短视频可能就会被二次推荐，成为热门短视频。并且，该博主发布的其他短视频都会被推荐，也就是说，即使前面发布的短视频的用户反馈一般，但如果有一条短视频的用户反馈非常好，短视频平台就会评判该短视频账号为优质账号，然后对其进行流量扶持，从而增加一些优质旧视频的曝光。反之，即使前期短视频的用户反馈很好，但只要有一条短视频违规，该短视频相关账号就会被降权，进而被限流或者封号。

👆 **高手秘技**

需要注意的是，短视频平台的推荐机制并不会一成不变。一方面短视频平台会利用交互信息来分析短视频和用户；另一方面短视频平台也会与时俱进，利用算法更准确地掌握用户的真实喜好，从而优化推荐机制。

↘ 6.1.2 短视频平台内推广

目前的短视频平台有很多，包括抖音、快手、微信视频号、哔哩哔哩、小红书等。这些平台都拥有较大流量，短视频创作者可以尝试在这些短视频平台内进行推广，并根据自身需求，选择合适的推广形式。

1. 参与官方活动

很多个人短视频账号在初期人力和资金有限，就可以选择参与官方活动的方式来扩大短视频的传播范围，提高短视频的曝光量。基本上所有的短视频都可以采用这种方式进行推广。例如，抖音和快手都有挑战赛活动，这些挑战赛通常情况下会吸引大量用户观看和参与，热度非常高，而且参加方式比较简单。以抖音为例，参与挑战赛的方式为：在抖音关注"抖音小助手"账号，该账号会定期推送热门的挑战赛，如图6-2所示；点击"爱演戏的五官"挑战赛对应的 查看详情 按钮可查看活动详情，如图6-3所示；点击 打开App 按钮，在打开的界面中点击 ▶ 立即参与 按钮，如图6-4所示，即可参与挑战赛。

在微信视频号中也可以通过参与话题活动的方式进行推广，其操作方法为：进入微信视频号的个人设置界面，如图6-5所示；点击"创作者中心"选项，然后在"创意风向标"栏中查看热门活动，如图6-6所示；点击活动，进入活动详情界面，点击 📷 参与 按钮如图6-7所示，即可参与活动。

图6-2

图6-3

图6-4

图6-5

图6-6

图6-7

✍ **高手秘技**

通常情况下，抖音和快手上的挑战赛是免费的，任何人都可以参加，只要满足比赛的要求和遵守比赛规则即可。但是，如果短视频创作者想要自主发起比较特殊或者大型的挑战赛，可能需要提供一些奖品或赞助金来支持比赛的运营。例如，一些电商品牌会为发起的挑战赛提供奖品或现金作为奖励。

2. 抖音：使用"DOU+"推广

"DOU+"是抖音官方出品的短视频付费推广工具，短视频创作者可以利用 "DOU+"将短视频推荐给更多用户，提高短视频的播放量，提升短视频的热度与人 气，吸引更多用户关注与进行互动。使用"DOU+"推广的每条短视频只对同一个用户 展示一次，而且推广后的短视频不会有广告标识，可以融入抖音的推荐流（一种可以根 据用户喜好、兴趣进行实时内容推荐的机制），从而得到更多的曝光。

"DOU+"有速推版和定向版两个版本，速推版设置较为简单，但不 能推荐给特定的人群。下面介绍使用"DOU+"速推版推广短视频的步 骤，具体操作如下。

微课视频：使用 "DOU+"速推 版推广短视频

（1）打开抖音App，在发布的短视频中找到需要推广的短视频，打开 该短视频（配套资源:\素材文件\第6章\草莓视频.mp4），点击界面右侧的 ▥▥按钮，如图6-8所示。

（2）在展开的工具栏中点击"上热门"按钮 ，如图6-9所示。

（3）进入"DOU+"的"速推版"界面，如图6-10所示。左右滑动可设置希望推荐 的人数，而相应的投放金额也会发生变化（推广人数越多，投放金额越高）。

图6-8

图6-9

图6-10

（4）确认无误后点击 支付 按钮支付相应的费用，该短视频就会被"DOU+"推广。

"DOU+"定向版可以实现更加精准的推送，其操作方法为：在"DOU+"的"速 推版"界面中点击"更多能力请前往定向版"选项，进入"DOU+"的"定向版"界 面，在"期望提升"栏中设置希望通过推广而提升的项目；在"投放时长"栏中设置希 望推广的时长；选中"自定义定向投放"单选项，根据需要设置目标投放用户的性别、 年龄、地域等信息，以提高投放精准度。

高手秘技

　　短视频创作者投放"DOU+"时要选择合适的投放时间段，短视频发布初期是投放"DOU+"的黄金时期，在这个阶段短视频创作者投入较少的资金就能让短视频冲进更大的流量池内，获得更多的流量扶持。短视频发布的时间越长，为短视频投放"DOU+"的效果会越不明显。

3. 快手：使用快手粉条推广

　　快手粉条是快手官方推出的付费推广服务，用于增加短视频在快手内的曝光量，帮助短视频创作者快速获取精准粉丝。需注意的是，使用快手粉条推广短视频时，首先要保证短视频符合快手的相关要求，否则无法通过平台审核，也就不能进行推广。

微课视频：使用
快手粉条速推版
推广短视频

　　与抖音的"DOU+"一样，快手粉条也有两个版本，即速推版和标准版。速推版支持一键式下单，实现低成本快速投放，具体操作如下。

　　（1）打开快手App，在首页点击≡按钮，然后在当前的页面点击"设置"按钮◎，如图6-11所示。

　　（2）在"设置"界面中点击"快手粉条"选项，进入"快手粉条"界面，如图6-12所示。

　　（3）在"快手粉条"界面中设置希望推荐的人数，点击 自定义 按钮，在打开的数值框中输入希望推荐的人数，如"5000"，如图6-13所示，点击 确定 按钮。

图6-11

图6-12

图6-13

　　（4）点击"推广时长：12小时"选项（默认时长），设置希望推广的时长，点击 立即支付 按钮支付相应的费用即可推广短视频。

快手粉条的标准版支持更多投放功能，提供更丰富的定向选择，差异化满足营销诉求，有"涨粉互动""推广应用""获取客户""推广门店""预热直播""推广直播""粉丝经营"7个功能，具体操作如下。

（1）在"快手粉条"界面中点击"标准版"选项卡（默认使用"涨粉互动"功能），如图6-14所示。

（2）在"自定义设置"栏中点击"推广多久"下的"12小时"选项，如图6-15所示，点击 完成 按钮。

（3）点击"推广给谁"下的"智能优选"选项，在打开的面板中选中"自定义人群"单选项，如图6-16所示。选择需推广的目标用户标签，如性别、年龄、地域、内容偏好等，点击 完成 按钮，然后点击 立即支付 按钮支付相应的费用即可推广短视频。

图6-14　　　　　　　　　图6-15　　　　　　　　　图6-16

4．微信视频号：使用加热工具推广

微信视频号的加热工具是一种推广工具，可以帮助短视频创作者提高短视频在微信视频号中的热度，获得更多流量，从而增加短视频的点击量和播放量，吸引更多潜在用户。下面介绍使用加热工具推广短视频的步骤，具体操作如下。

（1）进入微信视频号的个人设置界面，点击"创作者中心"选项，点击"加热工具"按钮☑，在打开的界面中点击 去加热 按钮，如图6-17所示。

（2）在"我的视频"界面中点击需要加热的短视频，打开"创建加热计划"界面，设置优先提升目标、加热方式、加热时长等，点击 下一步 按钮，如图6-18所示。

（3）在打开的面板中确定加热方案无误后，选中"阅读并同意《视频号加热协议》"单选项，然后点击 充值并支付 按钮如图6-19所示，即可推广短视频。

图6-17

图6-18

图6-19

5. 哔哩哔哩：创作推广

创作推广是哔哩哔哩官方推出的原生内容推广工具，其可以根据短视频标签将短视频推荐给用户，并精准推送给目标用户，提升短视频的播放量和短视频账号的粉丝量。具体操作为：当短视频发布成功后，短视频创作者在哔哩哔哩App中"我的"界面中点击"创作激励"按钮🏆，如图6-20所示；在打开的"创作激励计划"界面中点击"创作推广"按钮📣，如图6-21所示；在打开的"创作推广"界面中点击 去下单 按钮，如图6-22所示，然后自主选择符合规范的短视频进行付费推广即可。短视频创作者使用该工具可以精准触达潜在用户，高效提升短视频内容的曝光效果。

图6-20

图6-21

图6-22

需要注意的是，在哔哩哔哩中，短视频创作者需达到一定的等级要求才能进行创作推广。若没有达到要求，短视频创作者可通过不断优化内容和互动交流等方式来提高短视频的质量，使短视频在播放量、弹幕数、点赞数、收藏数、分享数等方面表现出色，从而得到更多用户的关注和推荐，或参加哔哩哔哩官方推出的热门视频制作活动来推广短视频。

6. 小红书：使用薯条推广

小红书的薯条推广是小红书官方推出的一种自助式流量推广工具，有内容加热和营销推广两种形式。其中，内容加热主要面向个人创作者，支持投放非商业属性的优质内容，助力账号成长；营销推广主要面向企业商家及个人创作者，支持投放具有商业属性的内容，助力用户增长。短视频发布成功后，短视频创作者可在小红书App中打开需要推广的内容，然后点击 ··· 按钮，如图6-23所示；在打开的面板中点击"薯条推广"按钮 🖊，如图6-24所示；在"推广设置页"界面中选择推广方式，如图6-25所示。

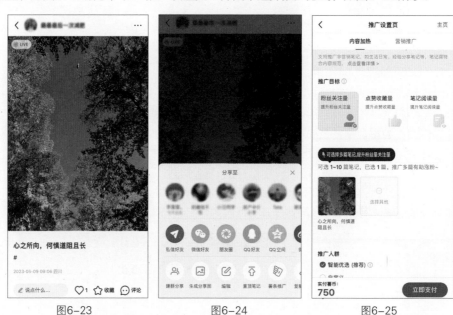

| 图6-23 | 图6-24 | 图6-25 |

↘ 6.1.3 短视频平台外推广

除了在短视频平台内进行推广外，短视频创作者还可以在短视频平台外进行推广，如微信、微博、今日头条等。

1. 微信

微信是目前主流的社交媒体平台之一，具有庞大的用户群和广泛的覆盖面，而且用户黏性非常高，信息传播的范围广。短视频创作者可以将短视频分享到微信朋友圈、微信群、微信公众号等，让短视频得到更多的曝光和传播。

● 在微信朋友圈推广短视频的操作方法比较简单，既可以按照发布朋友圈的方式发布短视频，也可以在短视频平台将短视频分享到朋友圈中。

- 通过微信群推广短视频已经成为一种非常有效的短视频推广方式。短视频创作者可以在一些微信群中定期发布和分享自己的短视频，增强账号的存在感，慢慢引导微信群中的其他成员关注自己的短视频账号。
- 微信公众号对推广短视频也具有很大的作用。短视频创作者可以在微信公众号上发布推广文章，然后将短视频嵌入其中，展现短视频的内容亮点，吸引用户点击观看。

2. 微博

微博也是目前主流的社交媒体平台之一，具有较大的用户数量，也可以用来推广短视频。短视频创作者在微博中推广短视频时，既可以在短视频平台将短视频分享到微博中，也可以直接将短视频发布到微博中，然后利用微博的推广工具进一步推广短视频。在微博中利用推广工具推广短视频的操作方法为：在微博App中的"我"界面中点击"微博"选项，进入"微博"界面，点击需要推广微博的下拉按钮∨，在打开的面板中点击"推广"选项，然后选择推广方式，并设置推广的详细要求，如图6-26所示。

图6-26

3. 今日头条

短视频创作者还可以在今日头条上发布一些与热点相关的短视频。这些短视频一般会被优先推荐，热点的时效性越强，推荐量就越高。短视频创作者在发布短视频之前要查看平台热点，找出与将要上传的短视频相关联的热点关键词，并根据热点关键词撰写短视频标题，以提高短视频的推荐量。

> ✍ **高手秘技**
>
> 除了以上3个平台外，短视频创作者还可以根据自己的喜好、习惯及其他标准选择其他推广平台。注意，在选择时要考虑每个平台的独特属性和用户群体，使所选择的推广平台与自己的目标用户群体高度吻合，从而使推广效果更好。

6.2 短视频运营

如今各种各样的优质短视频层出不穷，短视频创作者想要使自己的作品在诸多的短视频中脱颖而出，就要做好短视频运营，增加短视频的曝光量。

6.2.1 短视频运营的思维逻辑

短视频运营需要遵循一定的思维逻辑，这里可以套用AIPL模型的思路。AIPL模型是常见的营销模型之一，其中A表示认知（Awareness），I表示兴趣（Interest），P表示购买（Purchase），L表示忠诚（Loyalty）。

AIPL模型为短视频运营提供了基本的思维逻辑，其在短视频运营中的对应内容和工作内容如表6-1所示。

表 6-1

AIPL模型	对应内容	工作内容
A	IP运营	根据账号的属性、特点，打造鲜明人设或独特形象，让用户对账号和短视频内容有基本的认知
I	内容运营	通过打造出符合用户审美、贴合市场需求的短视频内容，吸引更多用户观看短视频
P	用户运营	通过一系列的策略和活动来提高用户黏性、活跃度和转化率，转化更多潜在用户
L	流量运营	当拥有固定的用户群体后，可盘活这些已有的流量和资源，使流量和用户形成良性循环

6.2.2 IP运营

IP运营一般是指对一个具有独立知识产权、品牌形象和商业价值的产品、服务或内容进行全方位的运营，以实现品牌价值最大化、商业价值最大化和用户价值最大化。这里所说的IP运营是指短视频创作者可以通过自己的短视频，打造鲜明的人设或独特形象，并吸引用户关注、提升用户黏性，从而使账号具备更强的变现能力。IP运营主要包括以下4个方面。

1. 打造IP人设

要进行IP运营，首先需要打造出具有鲜明个性的IP人设。鲜明的IP人设能够对用户形成吸引力，并促成用户的留存和转化。打造IP人设可以从账号形象设计、人物标签、内容风格、选题方向等方面进行操作。如某网络达人在每个短视频中都会有一句简短的个人介绍，这就是其人物标签，通过不断重复，不仅加深了用户对她的印象，同时扩大了其IP影响力。

2. 打造专题化短视频

内容是IP的支撑，要打造个性鲜明的IP人设，往往需要围绕IP人设打造内容风格统一的专题化短视频，这样可以形成一系列带有独特IP烙印的内容，从而打造出个人风格。如某网络达人发布了一人分饰多角的专题系列短视频，通过塑造多个人设鲜明的角色，迅速形成了独特的个人风格，获得了一众网友的喜爱。

3. 构建短视频矩阵

一个成功的IP人设必须要有大量的用户基础，因此，要想更好地进行IP运营，短视频创作者需要构建自己的短视频矩阵，获得更多曝光。注意，不同短视频账号必须保持统一的人设和视觉风格，并且短视频账号之间可以相互引流，以提高整个短视频矩阵的曝光量。图6-27所示为小米品牌在小红书上的多个账号。

图6-27

4. 跨界联名IP合作

短视频创作者通过与其他创作者、名人、品牌等进行跨界联名IP合作，如将个人形象IP或内容IP延展到漫画、电影、游戏以及文创等领域，不仅可以吸引更多用户关注，提高短视频的曝光率，还可以进一步提升个人IP的影响力，从而提升其价值和变现能力。

↘ 6.2.3　内容运营

短视频在本质上就是一种内容呈现形式，因此内容运营是短视频运营的主体环节。短视频的内容运营是指短视频创作者通过策划、制作、发布、推广等各环节的优化，对短视频内容进行管理和运营，将短视频内容呈现在用户面前。短视频创作者在进行内容运营时需把握以下原则。

● **用户导向原则**：不管是短视频选题还是短视频内容，都必须以用户需求为导向，以用户的兴趣和需求为核心，给用户带来价值感和获得感。

- **创新原则**：通过独特的创意和创新的制作手法，使短视频内容与众不同，吸引更多用户。
- **数据驱动原则**：通过分析用户行为数据，不断优化短视频内容和运营策略，从而更好地实现用户增长、用户留存和用户转化。
- **流程化原则**：在短视频的内容运营过程中，尽量将短视频的制作、发布、推广等环节标准化、流程化，以提高工作效率和内容质量，确保短视频内容的稳定性和可持续性。

↘ 6.2.4 用户运营

用户运营是指以用户为中心，遵循用户的需求设置运营活动与规则，制订运营战略与运营目标，严格控制实施过程与结果，以达到预期所设置的运营目标与任务。用户运营比较常见的方式就是在发布短视频后，在评论区与用户互动，提高用户活跃度。

- **发布引导性评论**：发布引导性评论的目的是引导用户做出评论，设计的评论内容应具有思想或行为上的引导作用，如"下一个视频你们想看什么""想要什么礼物"等。这种征集答案式的引导性评论可以促使用户积极回复，从而有效增加短视频的评论量，而且还可以吸引用户积极观看短视频。
- **及时主动回复用户评论**：短视频创作者应该及时主动地回复用户的评论，让用户感受到创作者对他们的关注和重视，这样可以提升用户的好感度。
- **优先回复重点评论**：面对大量评论时，短视频创作者可以先挑选重点评论进行回复，优先回复提出有效建议的及互动频繁的评论等，然后回复其他的评论，尽量做到有咨询必回复。
- **评论置顶**：当在评论区发现高质量的评论时，短视频创作者可以将其置顶，引导用户产生更大范围的互动。

↘ 6.2.5 流量运营

流量运营是指通过各种手段和策略获得流量，并通过精细化的管理和优化，提高流量转化率和用户留存率，最终让流量完成价值的转化。要做好流量运营，首先要熟悉公域流量和私域流量。公域流量就是指平台公共的流量，流量属于整个平台，而不是平台上的某个品牌或者企业，因此公域流量比较泛化、精准性弱，如淘宝、天猫、京东、微博、抖音等提供的推荐流量就是公域流量；私域流量就是指私人所有的，并且不用付费，可以在任意时间、任意频次，直接触达用户的流量，因此私域流量更加可控、精准性较强，如粉丝群、粉丝关注等提供的流量就是私域流量。

总的来说，公域流量具有广泛的覆盖面和影响力，可以触达更多用户，对于短视频的传播来说具有很大的价值；私域流量留存度较高，粉丝黏性更强，利于构建持续的客户关系，积累长期价值。因此，将公域流量转化为私域流量有助于短视频账号的长期发展，这也是流量运营中的常见操作。

目前，将公域流量转化为私域流量的常见方式就是短视频创作者在抖音、快手、小红书等短视频平台上向用户展现、分享和推荐产品，或者发布有价值的内容、优惠信息或活动，然后在短视频平台内通过付费的方式进行推广。例如，短视频创作者在抖音中使用"DOU+"进行推广，获取短视频平台的公域流量，当吸引了大批忠诚用户后，再引导用户关注自己的微信公众号，或加入微信群、小程序，并在这些私域渠道中继续提供有价值的内容或服务，如通过让利、优惠等福利活动留住用户，将其转化为私域流量。此外，短视频创作者还可以通过奖励新老用户的方式实现老带新，持续吸引新的用户，循环往复，实现私域流量的扩张。

【案例分析】

完美日记——短视频推广和运营

完美日记是国产美妆品牌中的佼佼者，研发了一系列"易上手、高品质、精设计"的时尚彩妆产品，在多次大促活动中取得了不错的销量。而完美日记能够取得这样的成绩，短视频推广和运营是不可或缺的一环。

完美日记的目标人群是18～28岁的年轻女性，因此，根据不同短视频平台的特性，完美日记将抖音和小红书作为重点推广平台。完美日记在抖音借助美妆账号的影响力实现产品的精准触达。图6-28所示为美妆账号推广完美日记产品的短视频片段，该条短视频获得了大量点赞、评论和转发，成功实现了产品的"种草"。另外，根据小红书的平台特性，完美日记科学地设计了推广策略，邀请了很多普通用户撰写原创笔记，对其产品进行测评、试色，用普通用户的体验感受引导其他用户购买产品。目前，完美日记在小红书上所积累的粉丝已经超过了208万人，如图6-29所示。

除了在短视频平台进行推广外，完美日记还在微博上发布话题，通过图文、视频等形式突出产品的性价比、使用效果等，阅读量非常高。而且完美日记还在知乎邀请专业的美妆达人回答专业美妆问题，从专业角度解读完美日记产品的功效与实用性，很大程度上增加了用户的信任感。

除了在各大平台大力推广外，完美日记的成功也离不开品牌的运营。完美日记利用IP运营打造了"小完子"这一人设形象，而且为了提升用户的沟通体验感，在朋友圈中的"小完子"会向用户分享个人的生活记录、护肤小知识等，与用户形成了长期、稳定的良性互动。

用户在短视频平台上看到并购买完美日记的产品后，就会得到一张优惠券。在这张优惠券上会有引导用户添加"小完子"个人微信号、关注官方公众号、加入微信群等的信息，以沉淀用户。完美日记会通过朋友圈分享、干货输出、提供社群福利等方式与用户互动，不断激活用户、提升用户的复购率，将用户引流到品牌自身的私有流量池中。图6-30所示为完美日记在微信中开设的公众号。

上网搜索完美日记的推广和运营案例，然后回答以下问题。

（1）完美日记的推广方式有何技巧？

（2）从完美日记的运营案例中可以获得哪些关于短视频运营的启发？

图6-28   图6-29   图6-30

素养课堂

　　如今，短视频的推广和运营越来越受欢迎，这也要求短视频平台应当合理设计智能推广程序，优先推荐传播社会主义核心价值观、传承中华优秀传统文化等正能量的短视频内容，将这些内容融入人们的日常生活中。同时，短视频创作者也应避免过度营销，尤其是不得传播和推广虚假信息，误导用户，避免给用户带来不良影响。

【任务实训】

↘ 实训1——推广美食制作短视频

1. 实训背景

　　美味食堂是四川省成都市一家致力于为早餐爱好者提供优质早餐的实体店铺，为了让更多人到店消费，增加收益，美味食堂决定采用短视频来吸引用户。现制作了一个关于美食制作的短视频，需要对其进行推广，推广预算为1100元。

2. 实训要求

　　利用微信视频号和抖音，以及微信朋友圈推广美食制作短视频，推广地域为四川省成都市，推广费用不得超过预算，同时要注意提高推广的精准性。

3. 实训思路

　　（1）进入微信视频号的个人设置界面，然后将短视频"美食制作.mp4"（配套资源:\素材文件\第6章\美食制作.mp4）发布到微信视频号中。

（2）返回微信视频号的个人设置界面，点击"创作者中心"选项，点击"加热工具"按钮☒，在打开的界面中点击 去加热 按钮，在"我的视频"界面中点击需要加热的视频。

微课视频：推广美食制作短视频

（3）在"创建加热计划"界面中设置"优先提升目标"为"播放数"，"下单金额"为"1000"，"加热方式"为"定向加热"，"加热时长"为"24小时"。

（4）设置"根据区域推荐"为"四川—成都"，"根据兴趣推荐"为"美食"，然后点击 下一步 按钮；在打开的面板中确定加热方案无误后，选中"阅读并同意《视频号加热协议》"单选项，然后点击 充值并支付 按钮，如图6-31所示。

（5）打开抖音App并发布"美食制作.mp4"短视频，发布完成后，点击界面右侧的 ■■■ 按钮，然后在展开的面板中点击"上热门"按钮 DOU。

（6）进入"DOU+"的"速推版"界面，点击"更多能力请前往定向版"选项，进入"DOU+"的"定向版"界面，在其中设置"投放时长"为"24小时"。

（7）选中"自定义定向投放"单选项，设置推广要求后点击 支付 按钮，如图6-32所示。

（8）在微信主界面中点击"发现"选项，在打开的"发现"界面中点击"朋友圈"选项。打开"朋友圈"界面，在该界面中上传"美食制作.mp4"短视频，并编辑文案，如图6-33所示，单击 发表 按钮发布动态。

图6-31

图6-32

图6-33

↘ 实训2——运营茶叶短视频

1. 实训背景

禅意茶庄是一个以传统手工制作为基础，结合现代科技，致力于为用户提供高品质茶叶产品的茶叶品牌。为了提高产品销量，并打造品牌形象，提高品牌的知名度，禅意茶庄在抖音发布了多个茶叶短视频，但营销效果不佳，于是该品牌决定对短视频进行优化运营。

2. 实训要求

从IP运营、内容运营、用户运营和流量运营4个方面进行运营，以提高短视频的营销效果，以及茶叶产品的销量。

3. 实训思路

（1）IP运营。可考虑将禅意茶庄的IP人设设置为"小禅"，她是禅意茶庄的茶艺师，擅长泡茶和品茶，热爱茶文化；然后在短视频中展示她泡茶的过程，并分享她对茶文化的理解和感悟，让IP人设深入人心。同时，在抖音、快手、小红书、微信视频号等多个短视频平台注册账号并发布短视频，建立短视频矩阵。

（2）内容运营。可从策划、制作、发布、推广各个环节来重新考虑短视频的内容，让短视频内容更符合用户需求。例如，小红书的年轻女性用户较多，可以多制作一些以花茶、果茶为内容主题的短视频。

（3）用户运营。主要是与用户进行互动。例如：让用户在评论区留言或者转发短视频，然后从中抽取幸运用户送出茶叶礼盒等奖品；邀请用户分享自己与茶的故事和体验，或让用户拍摄自己泡茶、品茶、赏茶的视频，然后选取优秀作品进行展示（在用户同意的前提下）；在短视频中设置与茶叶相关的问答环节，然后给予回答正确的用户奖励。

（4）流量运营。可在短视频中引导用户关注品牌的微信公众号、微信群等社交媒体账号；可在短视频中展示茶叶优惠、折扣等福利活动，吸引用户前往官网或线下门店购买。

【思考与练习】

一、填空题

1. 短视频平台的推荐机制是以_____为中心，通过大数据计算，让每个用户看到的短视频内容都各不相同，实现千人千面。

2. 目前来说，主流短视频平台的推荐机制都是大同小异的，大致会经历_____、_____、_____和_____4个阶段。

3. _____是抖音官方出品的短视频付费推广工具。

4. 小红书的_____是小红书官方推出的一种自助式流量推广工具，有内容加热和营销推广两种形式。

5. 快手粉条的_____支持更多投放功能，提供更丰富的定向选择，差异化满足营销诉求，有_____、_____、_____、_____、_____和粉丝经营7个功能。

二、单选题

1. 以下选项中，对目前快手各项数据对短视频质量影响的重要程度描述正确的是
（　　）。

    A．转发率>评论率>点赞率   B．点赞率>转发率>评论率

    C．评论率>点赞率>转发率   D．点赞率>评论率>转发率

2. "DOU+"有速推版和（　　）两个版本。

    A．标准版   B．定向版   C．智能版   D．专业版

3. 根据AIPL模型，以短视频内容制作为主要工作内容的是（　　）。

    A．IP运营   B．内容运营   C．用户运营   D．流量运营

4. 在短视频评论区发布"投票你们最想去的地方"，该互动方式属于（　　）。

    A．优先回复重点评论   B．及时回复用户评论

    C．评论置顶   D．发布引导性评论

三、简答题

1. 简述主流短视频平台的推荐机制。

2. 简述短视频平台内的推广方式有哪些，以及不同平台的推广方式有何特点。

3. 简述流量运营的概念。

四、操作题

1. 上海市某水果商家制作了一个短视频（配套资源:\素材文件\第6章\水蜜桃视频.mp4），现需将其发布在3个以上的短视频平台，要求在相应平台进行付费推广，将该短视频推送给上海市的目标用户人群。

2. 艾宠多是致力于为宠物和宠物主人提供优质产品和服务的宠物用品品牌。除了在线下实体店销售宠物用品外，艾宠多还提供一系列服务，如宠物健康咨询、训练课程、社交活动等。为了让更多人到店消费，艾宠多在快手发布了短视频，但是由于品牌的知名度不高，短视频反响平平。现需对该品牌发布的短视频进行优化运营，以提高品牌知名度和产品销量，请提出优化运营建议。

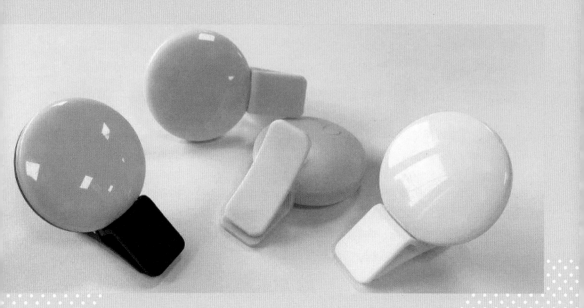

第 **7** 章
短视频商业变现

【引导案例】

日食记是一个美食类短视频头部账号，凭借其独特的风格和优质的内容吸引了诸多美食爱好者。该短视频账号通过多种方式进行了变现，例如，日食记在通过优质内容积累了大量忠实粉丝后，将流量引入第三方网络店铺和自营电商店铺，完成了电商变现，同时也将巨大的流量引入线下，开设了线下门店日食记生活馆，通过该门店将流量变现。

【学习目标】

➤ 熟悉短视频的常见变现方式。
➤ 熟悉短视频的其他变现方式。

7.1 短视频常见变现方式

越来越多的商家和企业看到了短视频带来的巨大商机，纷纷拍摄和制作短视频进行营销和推广，并利用短视频获取可观的经济效益，这就是所谓的短视频变现。目前，常见的短视频变现方式有以下5种。

7.1.1 平台补贴变现

为了吸引高质量的短视频创作者入驻，鼓励创作者持续产出优质内容，很多短视频平台都会推出一些平台补贴与流量分成计划，提供一定金额的补贴。只要创作者加入该计划，且短视频达到相关要求，就可以分得补贴和奖励。

1. 抖音：全民任务

全民任务是抖音推出的创作者激励活动，只要参与对应任务发布短视频，抖音便会对符合要求的短视频按照播放量、互动量（点赞、评论、转发）等维度为优质短视频创作者提供现金、流量、礼品等形式的奖励。

参与全民任务活动对新手短视频创作者来说十分友好，不仅参与门槛低，而且参与方式也比较简单。具体操作为：在抖音中的"我"界面中点击 按钮，点击"抖音创作者中心"选项，在打开的界面中点击"全部"，在打开的"我的服务"面板中点击"全民任务"按钮，如图7-1所示；查看该界面中最近可以做的任务，如图7-2所示；点击感兴趣的任务，查看该任务的具体详情，如图7-3所示，点击 立即参与 按钮即可参与任务。

图7-1

图7-2

图7-3

2. 快手：星火计划

为了满足短视频创作者的需求，快手推出了星火计划，旨在为短视频创作者提供更多的曝光机会，帮助短视频创作者获取收益和实现自我价值。参加快手星火计划的短视频创作者完成任务即可获得丰厚的流量与现金奖励。

参与星火计划的方式比较简单，只需在快手中的"我"界面中点击██按钮，点击"创作者中心"选项，在打开的界面中点击"全部服务"选项，在"内容变现"栏中点击"星火计划"按钮☌，如图7-4所示；查看该计划的详细说明，如图7-5所示；点击 ██立即加入██ 按钮，进入"星火计划"界面，如图7-6所示，在其中选择感兴趣的计划并加入，然后根据任务要求制作和发布短视频，若满足任务要求即可获得收益。

图7-4

图7-5

图7-6

3. 微信视频号：北极星计划

北极星计划是微信视频号推出的以发现和扶持优质短视频创作者为目标的计划。参与该计划完成任务并通过审核的短视频创作者，可获得微信视频号流量激励。

参与北极星计划的方式为：进入微信视频号的"创作者中心"界面，在"创作者服务"栏中点击"更多"选项，点击"成长激励"栏中的"北极星计划"选项，查看计划中的各种活动，如图7-7所示；点击"作者招募"选项查看正在进行中的活动的详情，如图7-8所示；在想要参与的活动栏中直接点击 参与 按钮，然后在打开的界面中点击 ██参加计划██ 按钮，如图7-9所示。

受邀作者粉丝要求	邀请者奖励	受邀作者奖励
抖音、快手、微博、虎牙、斗鱼、YY直播粉丝量>500万；公众号、QQ音乐、网易云音乐、酷狗、酷狗、全民K歌、腾讯视频创作号粉丝量>100万；哔哩哔哩、小红书>50万；	900点流量券/人	
抖音、快手、微博、虎牙、斗鱼、YY直播粉丝量>100万；QQ音乐、网易云音乐、酷狗、酷狗、全民K歌粉丝量>20万；哔哩哔哩、小红书、腾讯视频创作号粉丝量>10万；	800点流量券/人	
抖音、快手、微博、虎牙、斗鱼、YY直播粉丝量>50万；哔哩哔哩、小红书、公众号、QQ音乐、网易云音乐、酷狗、酷狗、全民K歌、腾讯视频创作号粉丝量>5万；	700点流量券/人	累计最高可获得11000点流量券 累计最高800000播放量扶持
抖音、快手、微博、虎牙、斗鱼、YY直播粉丝量>10万；哔哩哔哩、小红书、公众号、QQ音乐、网易云音乐、酷狗、酷狗、全民K歌、腾讯视频创作号粉丝量>1万；	600点流量券/人	
无粉丝量要求：发表5条原创、有人收、优质视频，且其中至少有一条视频在推荐流的播放量>50（不会使用加流工具）超过3000次	550点流量券/人	

我已阅读并同意《作者招募活动规则》

参加计划

图7-7	图7-8	图7-9

4．哔哩哔哩：创作激励计划

创作激励计划是哔哩哔哩推出的针对UP主（Uploader，上传者）创作的自制稿件（自制视频、原创专栏或自制音频）进行综合评估并提供相应收益的计划。该计划旨在减轻UP主在内容创作上的成本与压力，增强其持续创作的信心与积极性，激励其创造出更多的优秀内容。

加入创作激励计划需要满足一定的条件，满足条件的UP主可在哔哩哔哩"我的"界面中点击"创作中心"按钮💡，在"创作中心"界面中点击"创作激励"按钮🎁，进入"创作激励计划"界面中申请加入计划即可。

5．小红书：视频号成长计划

视频号成长计划是小红书针对在该平台上传短视频的短视频创作者设立的一项计划。该计划旨在帮助短视频创作者提高短视频的曝光量和粉丝数量，从而让他们获得更多的收益，为其创作创造足够的发挥空间。虽然小红书为加入视频号成长计划的短视频创作者设置了不同的准入门槛，但是一旦加入后，小红书会给短视频创作者提供百亿流量扶持、运营团队一对一指导、现金奖励、优秀作者独家签约、商业合作优先推荐等多项权益。

参与视频号成长计划的方法为：在小红书中的"我"界面中点击☰按钮，在打开的面板中点击"创作中心"选项，在打开的界面中点击"视频号成长计划"选项，在打开的界面中查看计划详情，然后点击 我要报名 按钮，如图7-10所示，然后根据提示报名参与计划。

图7-10

↘ 7.1.2 广告变现

当短视频创作者有了一定的粉丝量和播放量后，可以通过短视频平台进行广告变现。由于广告主一般都会在粉丝量、播放量、精准性方面对短视频创作者有硬性要求，因此广告变现的门槛会相对高一些。广告变现是目前比较普遍的一种短视频变现方式，短视频创作者主要通过在短视频内容中推广产品、展示品牌来获取收益。广告主要有硬广和软广两种。

- 硬广：硬广即硬性广告，是一种较为明显、直接的广告形式，通常以展示品牌或产品为主要内容，目的是推销产品或服务，一般不带有隐晦或间接的表达。
- 软广：软广即软性广告，是指在短视频中隐性或间接插入商家产品或服务的广告形式，通常不会直接提到品牌或产品名称，而是通过内容、场景、人物等方式进行暗示或引导。因此软广与短视频内容比较贴合，不会让用户感觉广告太过突兀。

硬广的呈现形式虽然比较生硬，但是成本较低。软广的植入方式多种多样，如道具植入、剧情植入、场景植入和台词植入等。常见的软广主要是剧情植入广告，即将广告主的品牌、产品植入短视频的剧情中，让用户在观看过程中不知不觉地形成记忆，进而去了解广告中的产品或服务。这种广告对于用户来说接受程度比较高，而且不容易影响用户体验。图7-11所示的旅游类短视频中虽然展示了护肤产品，但是并没有影响整个短视频的内容节奏与完整性，而是让广告很好地融入短视频内容中，让用户在无形之中接收到了广告信息，起到了很好的宣传效果。

图7-11

各大短视频平台为了促进广告主与短视频创作者达成合作，推出了官方接单平台，如抖音的巨量星图、快手的快分销、微信视频号的互选平台、小红书的好物体验、哔哩哔哩的花火商单等。广告主在这些平台上下达任务，短视频创作者则可以通过接单平台接受任务，完成后即可获得广告收益。

1. 巨量星图

巨量星图是抖音为达人接单、获取收益、内容变现、商业成长所提供的服务平台。短视频创作者可以通过该平台连接广告主，更便捷地进行广告变现。在抖音中通过巨量星图实现广告变现的具体操作如下。

（1）打开抖音App，搜索"巨量星图"，在搜索结果中点击"巨量星图"选项对应的 进入 按钮，进入"巨量星图"小程序，在打开的界面中点击"我是达人"选项，如图7-12所示。

（2）进入"星图"界面，查看感兴趣的任务，然后点击 参与投稿 按钮，如图7-13所示。

2. 快分销

快分销是快手推出的一个产品推广平台，可以起到连接达人和商家的作用。商家在入驻该平台后可以上架自己的产品，短视频创作者可在里面挑选产品带货分销，从而实现广告变现，具体操作如下。

（1）打开快手App，进入"创作者中心"界面，在其中点击"全部服务"选项，在打开界面的"内容变现"栏中点击"快分销"选项，然后进入"快分销"界面，如图7-14所示。

图7-12　　　　　　　　　　　　　　　图7-13

（2）在该界面中可以选择适合自己视频风格的产品，然后点击 加入货架 按钮（需完成个人实名认证，提前申请开通快分销功能），如图7-15所示。

（3）在"快分销"界面底部点击"货架"按钮 🛒，在打开的界面中点击所选择产品下的 拍短视频 按钮，如图7-16所示，可拍摄并发布与该产品相关的广告。若短视频质量好，则可以帮助商家取得更高的销量，同时短视频创作者也可以获得佣金收入。

图7-14

图7-15

图7-16

高手秘技

除了快分销外，快手还提供了磁力聚星平台。该平台是一个对接商家放单和达人接单的官方平台，通过连接商家与达人并提供智能、便捷的商业服务，满足商家全方位的营销需求。短视频创作者也可以以达人身份在该平台接单，但入驻门槛是粉丝数≥1万。

3. 互选平台

微信视频号的互选平台是广告主和短视频创作者双向选择、自由达成内容合作的交易平台，大大降低了短视频创作者和广告主的时间成本。在互选平台上，广告主可根据品牌调性、目标人群等维度与匹配的短视频创作者合作，当短视频创作者接受合作邀约后，将结合广告主需求和粉丝偏好为广告主定制创意短视频广告，然后发布在微信视频号中。在互选平台中实现广告变现的操作为：进入微信视频号的"创作者服务"界面，再点击"互选平台"选项，然后在打开的界面中选择感兴趣的任务，并根据任务要求制作和发布短视频即可。

4. 好物体验

好物体验是小红书面向广大商家和优质内容创作者提供的营销工具，商家提供实物给创作者，短视频创作者创作出广告推广产品。短视频创作者在小红书中通过好物体验实现广告变现的具体操作如下。

（1）打开小红书App，在小红书中的"我"界面中点击 按钮，在打开的面板中点击"好物体验"选项，打开"好物体验站"界面，如图7-17所示。

（2）在该界面中选择一款产品，然后在打开的界面中查看产品详情，若感兴趣可点击 申请体验 按钮，如图7-18所示。

（3）在打开的界面中填写个人基本信息，返回"好物体验站"界面，点击"我的体验"选项可查看报名信息，如图7-19所示。

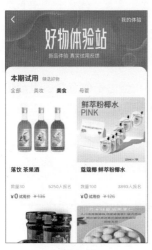

图7-17　　　　　　　　图7-18　　　　　　　　图7-19

141

5. 花火商单

花火商单是哔哩哔哩官方出品的UP主与广告主的合作平台。该平台基于大数据，向UP主提供系统报价参考、订单流程管理、平台安全结算等功能；同时为广告主提供UP主智能推荐、多维数据展示、多项目协同管理等服务，帮助广告主发现更多合适的UP主，也让不同粉丝段、不同圈层的UP主获得更多商业广告机会；还会帮助UP主解决商业推广、商务洽谈、风险管控等问题，降低UP主的商业风险。在花火商单中实现广告变现的操作为：进入哔哩哔哩的"创作者服务"界面，点击"更多功能"选项，然后在打开的界面中点击"创作收益"栏中的"花火商单"选项。

✎ 高手秘技

除了通过短视频平台推出的官方广告接单平台进行广告变现外，短视频创作者还可以在市场上其他信息平台寻找合适的广告主合作，如猪八戒网、一品威客网等；或者在短视频账号的个人个性签名中添加用于广告合作的联系方式，便于广告主联系，寻求合作。

📚 素养课堂

广告变现对于短视频创作者来说意味着收益的增加，但同时也存在一定的法律风险。这就需要短视频创作者增强自身的法治观念，做社会主义法治的忠实崇尚者、自觉遵守者、坚定捍卫者，遵守相关法律规定，尽可能地把控风险。

短视频创作者在选择广告主时，应避开法律明文规定不允许通过互联网平台进行宣传或销售的产品，如烟草、医疗器械、保健食品、金融产品等。同时，短视频创作者还需要确保广告内容的真实性和合法性，不得发布虚假、夸大或误导性的广告，遵守《中华人民共和国广告法》等相关规定，若发现广告主提供的产品不符合实际情况，应立即拒绝或停止合作。此外，短视频创作者还需要确保广告内容的公正性，不得使用虚假或误导性的手段来推销产品或服务。

↘ 7.1.3 知识付费变现

随着各种互联网移动产品的出现，信息查询更加便捷，但由于信息众多且烦琐，用户不能马上获取有价值的信息。知识付费可以帮助用户节省大量的时间和精力，在短时间内找到想要的信息，因此，很多用户愿意为高质量的知识买单。并且，知识付费也激励着创作者创造更多有价值的信息。良性循环使得知识付费这一变现方式越来越得到大众认可。简单来说，知识付费的本质，就是把知识变成产品，并销售出去。

短视频内容丰富、覆盖群体广，用户活跃度和黏性较高，因此，各大短视频平台纷纷推出知识付费业务。目前，知识付费变现中常见的方法主要有课程变现、咨询变现、出版变现3种。

1. 课程变现

现如今，越来越多的人借助网络课程提高学习、生活和工作技能，因此，网络课程成为移动互联网时代的新型学习方式。很多短视频创作者将自己的知识、技能或经验制作成系列短视频，并通过短视频平台向用户展现部分内容以吸引用户关注，待积累足量的用户后，再引导有需求的用户为更有价值的知识付费。

图7-20所示为一个学习办公软件的技能类短视频，用以吸引想要学习办公软件的用户关注。用户若想系统化地学习相关技术，就可以点击"付费内容 视频同款教程"选项，进入相应的课程购买界面购买网络课程并学习课程知识，如图7-21所示。

图7-20

图7-21

✍ **高手秘技**

课程变现的关键在于课程内容有付费的价值，具有较强的专业性、稀缺性和系统性。对于用户来说，价值越大的课程越值得付费观看，越能激起付费学习的兴趣。

2. 咨询变现

咨询变现指的是短视频创作者通过短视频分享自己的专业知识或经验，然后吸引用户关注，获得用户的认可，再通过在线一对一的付费咨询服务来实现变现。目前，短视频平台中比较热门的咨询类型有健康咨询、法律咨询、心理咨询、情感咨询等。

图7-22所示为法律咨询相关内容的短视频账号，其以介绍法律知识来吸引用户。用户点击短视频下方的咨询链接，可进入相应的界面查看详细的付费咨询服务，如图7-23所示。

图7-22   图7-23

3. 出版变现

出版变现主要是通过出版图书获得相关收入。在移动互联网时代，短视频可以为图书出版做推广，积累用户基础，而图书出版可以扩大短视频的影响力。出版变现对短视频创作者的素质和技能要求都非常高，但同时也能带来长期的收益。图7-24所示为帆书（原樊登读书）创始人樊登在快手的个人账号，账号中的短视频内容多为樊登以脱口秀的方式与用户分享和探讨热点话题，以吸引用户关注，如图7-25所示。当该账号积累了数百万个粉丝后，樊登出版了多部图书，如图7-26所示，获得了不错的销量。

图7-24   图7-25   图7-26

↘ 7.1.4 电商变现

电商变现即通过短视频内容实现产品的推荐及销售转化，主要有两种变现方式，一是自营电商店铺变现，二是第三方网络店铺变现。

1. 自营电商店铺变现

许多短视频平台为了实现自身平台的商业闭环，增添了电商功能，也就是自营电商店铺，如抖音小店、快手小店、小红书店铺等。自营电商店铺属于短视频平台内的线上平台，主要具有两大优势：一是用户在购买产品时无须跳转至第三方平台，可以直接在短视频平台中购买；二是短视频创作者可以直接在短视频中添加产品链接，该链接将直接显示在短视频播放界面的下方，用户在观看短视频时可以点击产品链接购买。

图7-27所示为小红书短视频，点击短视频中的产品链接可跳转到产品购买界面，点击 立即购买 按钮如图7-28所示，即可购买该产品；点击账号头像可进入个人账号界面，点击"店铺"按钮，可进入个人店铺中查看更多产品，如图7-29所示。

图7-27   图7-28   图7-29

短视频创作者还可以在短视频平台开设线上店铺，然后将用户引流到账号自营电商店铺，进行流量变现。下面以开设小红书店铺为例，介绍短视频平台的自营电商店铺变现方式，具体操作如下。

（1）打开小红书App，在小红书中的"我"界面中点击██按钮，在打开的面板中点击"创作中心"选项，在"创作服务"栏中点击"更多服务"按钮██，在"内容变现"栏中点击"开通店铺"按钮██，在打开的界面中点击 立即开店 按钮，如图7-30所示。

（2）在"店铺申请"界面中选择想要开设的店铺类型，这里选中"个人店"单选项，然后点击▇▇▇▇▇▇下一步▇▇▇▇▇▇按钮，如图7-31所示。

（3）在打开的界面中选择主要售卖的商品，这里选中"普通商品"单选项，然后点击▇▇▇▇▇▇下一步▇▇▇▇▇▇按钮，如图7-32所示。

（4）在打开的界面中提交个人身份信息，然后继续按照系统提示操作，申请完毕后即可开设店铺。

图7-30

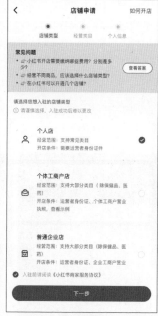

图7-31

图7-32

👆 **高手秘技**

除了小红书，短视频创作者还可以在其他短视频平台开设线上店铺，但不同短视频平台的开设要求有所差别。因此，短视频创作者要想通过在短视频平台开设线上店铺实现变现，需要多关注平台信息。

2. 第三方网络店铺变现

第三方网络店铺变现主要是指将在短视频平台中获取的流量引入第三方电商平台（如拼多多、淘宝、天猫、京东等）的自营线上店铺，通过售卖短视频内容中的同款产品实现变现。因此，很多短视频账号在积累一定粉丝量后都会选择开设第三方网络店铺进行变现。

例如，四川某美食类短视频账号，主要发布与美食制作和享用相关的短视频，视频中充满了生活的烟火气息，让更多的四川美食和乡土文化走进了全国网友的视野。同时，该账号在抖音、快手、哔哩哔哩、小红书、微信视频号等多个短视频平台积累了大量的忠实粉丝。图7-33所示为该账号在快手的账号界面，粉丝量已突破七百万个，而且获赞量上亿次。在短视频平台获得众多流量之后，该账号将流量引入第三方网络店铺中完成变现。图7-34所示分别为该账号自营的拼多多和天猫旗舰店。

图7-33

图7-34

↘ 7.1.5　直播变现

直播的出现为短视频带来了新的机遇，也为短视频变现打开了一扇新的大门。短视频创作者可通过直播的方式推销产品，吸引用户购买产品，从而获得收益；也可以接受用户的打赏，从而获得更多的关注度和流量，实现直播变现。

1. 直播带货

直播成就了商家，也成就了一大批知名主播。逐本、百植萃等国货品牌在知名主播的推动下，通过直播带货打造出热销产品，提升了销售额。但是，直播带货是一把双刃剑，风险与机遇并存，短视频创作者要打造一场高效的带货直播，需要做好以下4个方面。

- 选择合适的带货产品：直播的产品如果不符合用户的需求，会影响直播的效果以及后续直播的开展。针对这种情况，短视频创作者可以选择销量较好、口碑较好的产品，或以赠品等形式进行新产品的测试，以便根据用户反馈适当调整。

- 严格把控直播环节：直播环节设置得不完善可能会导致冷场、产品详解时间分配不合理、产品漏播等情况，从而引起用户的不满。对此，短视频创作者需要对每个环节进行严格把控、反复推敲，可以进行预演，以查漏补缺，及时更换直播环节中可能涉及侵权的资料。另外，短视频创作者还需要掌握好直播节奏，以免给用户留下不好的印象。

- 提前测试直播设备：提前测试直播设备是为避免直播过程中设备出现问题而影响到直播的顺利进行。短视频创作者应提前检测设备，包括设备是否完好无损、数量是否足够、功能是否正常等。这一环节很关键，如果设备检测出现疏漏，那么直播途中可能会出现黑屏、产品（内容）无法展示、直播卡顿等状况。所以，提前测试设备并随时检查很有必要。

- 做好直播预热：直播预热不仅可以扩大直播的声势、提前为直播引流，还可以达到提升个人、商家或品牌影响力的作用。比较常见的直播预热方式就是发布直播预告短视频。短视频创作者可以通过直播预告短视频的形式告知用户直播时间、直播主题和直播内容，简明扼要地传达直播的主要信息。

如今，大部分的短视频平台都有直播功能。下面以快手为例，讲解在短视频平台中进行直播带货的方法，具体操作如下。

（1）打开快手App，在主界面下方点击"拍摄"按钮⊕，在打开界面的下方点击"开直播"选项，进入直播界面，在上方点击"视频"选项。

（2）进入视频直播预览界面，点击上方的"添加封面"选项，根据提示上传直播封面，然后在封面右侧输入直播标题，如图7-35所示。

（3）点击"赚钱"按钮⊕，打开"赚钱"面板，在"直播卖货"栏中点击 申请执照 按钮，在打开的界面中填写考题答案并通过考试。返回视频直播预览界面，在"赚钱"面板的"直播卖货"栏中点击"开启"按钮 ，开启直播卖货功能，如图7-36所示。

（4）点击 开始视频直播 按钮即可开始直播，如图7-37所示（如果是首次开播，需在开播前观看直播须知规范短片）。

图7-35

图7-36

（5）在界面下方点击"售卖商品"按钮，在打开的界面中点击 商品管理 按钮，打开"售卖商品管理"界面，选择需要售卖的产品（主播需提前在自己的快手小店中添加需要推广的产品），然后点击 确定(1) 按钮，如图7-38所示。

图7-37　　　　　　　　　图7-38

（6）在需要讲解的产品下方点击 开始讲解 按钮，如图7-39所示，录制产品讲解，待讲解完成后点击 结束讲解 按钮。

（7）点击右上角的 ✕ 按钮关闭直播间，查看直播数据，如图7-40所示。

图7-39　　　　　　　　　图7-40

高手秘技

主播可以在"售卖商品管理"界面的工具栏中使用不同的工具完成营销目标。例如，使用福利购工具可在不同的时间节点增加福利购产品，并且设置福利购产品的购买条件，能有效提升直播时的用户留存量。

2. 用户打赏

用户打赏是指用户对喜爱的直播内容通过赏金的方式进行资金支持，赏金以虚拟礼物的形式被赠送给短视频创作者。用户通过充值购买虚拟礼物，短视频创作者获得虚拟礼物后可折现，通常需和短视频平台按比例分成。图7-41所示分别为不同短视频平台的用户打赏界面。

与其他变现方式相比，直播的优势在于实时互动性强，因此短视频创作者可以借鉴以下方法获得更多收益。

● 获取用户信任：为获取用户信任，短视频创作者要坚持3个原则。一是诚实守信。短视频创作者在直播的过程中所传递的信息应该真实有效，不具有欺骗性，且承诺用户的事情应尽力完成。二是准时。短视频创作者要在规定的时间直播，如宣传推广信息中的直播时间为13:00，直播便应当在13:00开始，若有特殊情况需更改时间，应提前告知用户。三是坚持。积累用户需要时间，因此，短视频创作者只有坚持直播才有可能吸引更多的用户。

图7-41

● 活跃气氛：短视频创作者在直播过程中应积极主动与用户交流互动，寻找与用户的共同话题，拉近与用户之间的距离，让直播间的气氛保持活跃，以免冷场而导致用户丧失观看直播的兴趣。

● 情感化互动：短视频创作者可以通过一些方式来给予用户情感上的慰藉，如在特殊节日给予用户福利、举办粉丝见面会，以及在接收礼物打赏的时候念出对方的昵称并感谢，让用户感觉到被重视、被信任，满足用户精神上的需求。

● 满足用户需求：在直播过程中，用户会以弹幕的形式在直播间中进行互动，但可能会出现用户需求未及时得到满足而对直播间产生不好的印象等情况。对此，短视频创作者可对弹幕所反映的用户需求、反馈、言语得体程度等进行实时监控，以保证直播的顺利推进，提高直播的质量。例如，不少直播间会专门准备一台手机用于实时观看弹幕，短视频创作者可一边直播一边回答用户的问题，让直播更加流畅。

7.2　其他变现方式

除了前面所讲的常见的短视频变现方式外，短视频创作者还可以根据自身特点或需求，尝试选择其他变现方式，如线下引流变现、社群变现、IP衍生变现等。

↘ 7.2.1　线下引流变现

短视频线下引流变现是指通过在短视频平台发布短视频，将用户引导到线下消费，以实现盈利。比较常见的方式就是通过短视频进行同城引流，短视频范围覆盖了食品、二手车、旅游、装修、美容、美发等各个行业。

图7-42所示为某咖啡店在抖音发布的宣传短视频。该咖啡店利用抖音上的流量和影响力，通过优惠活动吸引用户到线下实体店购买产品，从而实现变现。

图7-42

↘ 7.2.2 社群变现

社群是一种关系连接的产物，是一群相互间有关系的人形成的网络区域，成员之间可以在特定的网络区域中交流互动、互相了解、培养情感。一个完整且典型的社群通常有稳定的群体结构、一致的群体意识、一致的成员行为规范和持续的互动关系，同时社群成员之间能够保持分工协作，具有一致行动的能力。

社群变现以社群为基石，将短视频创作者的目标用户从短视频平台引流到社交工具（微信、QQ）上，打造一个共同兴趣圈并促成最终的消费。社群变现的本质是口碑传播，其人性化的变现方式可以通过用户口碑持续汇聚人群，让用户成为社群的传播者，吸引对社群感兴趣的用户，建立情感连接，培养成员的信任，打造出鲜明的个人品牌，赋予产品独特的价值。利用短视频进行社群变现主要有以下3个步骤。

1. 吸引用户

用户是社群的基础，要实现社群变现，首先要利用短视频吸引用户。例如，针对某款电动牙刷产品，某短视频创作者拍摄了一段刷牙的搞笑剧情，讲解与刷牙相关的生活小技巧、专业知识，引起用户的兴趣，进而关注账号。

2. 引流到社群

通过前面的内容输出，用户已经对短视频账号有了足够的信任，这时就需要把用户引流到社群。操作时需要保证账号的内容质量和长期价值，还应提高和用户的互动频率，增强用户黏性，再从经常互动的用户中筛选目标用户，然后引流到社群。引流到社群的方式很多，例如，开展拼团活动，先拉少量用户进群，然后通过拼团打折的方式，吸引用户拉更多人进群购买；或者通过评论或私信告诉用户"前200名入群的用户免费赠送产品"，以吸引更多的用户进群。

3. 维护社群，实现转化

搭建好社群后，短视频创作者还要维护好社群，并通过社群实现变现，主要有以下3个维护技巧。

- 维护社群活跃度：社群活跃度是衡量社群价值的一个重要指标。现在，大多数成功的社群已经从线上延伸到线下，无论是线上资源信息的输出共享、社群成员之间的互动，还是线下组织社群成员聚会和活动，都可以增强社群的凝聚力，提高社群活跃度。

- 打造社群口碑：口碑是社群最好的宣传工具，社群口碑与品牌口碑一样，都必须依靠好产品、好内容、好服务，经过不断的积累和沉淀才能逐渐形成。一个社群要想打造良好的口碑，必须从基础做起，抓好社群服务，为成员提供价值，然后才能逐渐形成口碑，带动成员自发传播，逐渐建立以社群为基点的圈子，实现长期发展。

- 持续输出价值：无论是什么类型的社群，要延长社群的"寿命"，实现盈利，都离不开持续的价值输出。短视频创作者应当竭尽所能，为成员提供有价值的内容，从而得到成员的认可和信任。如此，成员之间的黏性才会很强，才会更信任社群，更愿意购买产品。

↘ 7.2.3 IP衍生变现

IP衍生变现就是通过打造与IP相关的产品或服务，吸引用户消费，从而产生商业价值并获得收益。当短视频账号拥有了数量庞大的忠实用户群体时，就可以进行IP衍生变现。

随着短视频的快速传播，IP在全产业链的价值正在被商家深度挖掘，使得IP衍生变现的方式也越来越多。例如，很多短视频账号发展为超级IP后，短视频创作者就会通过衍生出的产品或服务变现，包括推出自己的品牌和产品，拍摄电影、电视剧，参加综艺节目等，而实现盈利。

还有一种IP衍生变现方式就是，当短视频账号被打造成更强大的IP后，将短视频的内容转化为电影、栏目、广告等其他形式。例如，某短视频账号通过漫画动画短视频收获了大量的粉丝，图7-43所示为该短视频账号的抖音账号界面，其粉丝数量上千万个，获赞上亿次。该短视频账号在影视、漫画、图书等领域拓展了大量衍生业务，图7-44所示为与该短视频账号相关的绘本漫画书，图7-45所示为该短视频账号中主要角色的相关摆件。

图7-43

图7-44

图7-45

【案例分析】

"凯叔讲故事"的商业变现之路

"凯叔讲故事"由原中央电视台主持人王凯于2014年4月创办，以创作优质儿童音频内容起步，后逐渐发展为专注打造优质原创儿童内容的教育品牌。

2014年4月，王凯凭借着多年配音、主持经验和给自己孩子讲故事的心得体会，开设了"凯叔讲故事"微信公众号，通过该公众号给小朋友们讲睡前故事。短短两年时间，该公众号就积累了超过400万个粉丝，由此，"凯叔讲故事"被打造成知名的互联网亲子社群，用户在该社群中可以通过任务"打卡"的方式参与活动，坚持"打卡"并完成相应任务可获得相应奖励，社群成员黏性得到提高。例如，购买"父母育儿训练营"课程的用户可进行每天听课笔记"打卡"，将课程作业分享到训练营社群，完成任务即可获得奖品。图7-46所示为"凯叔讲故事"在抖音中的粉丝群。

随着短视频的爆发式增长，"凯叔讲故事"这一品牌在小红书、抖音、快手、微信视频号等多个短视频平台均开设了账号，通过在短视频平台发布原创短视频，以及前期在公众号中的粉丝积累迅速吸引了大量用户关注，也获得了短视频平台的流量支持。为了通过短视频实现变现，"凯叔讲故事"在短视频中对产品进行了详细介绍，如图7-47所示，引起用户的兴趣后，促使用户通过自营电商店铺和第三方网络店铺购买产品。图7-48所示为微信视频号中的"凯叔讲故事旗舰店"店铺页面。同时，"凯叔讲故事"还会在短视频平台开启直播，通过直播带货进行变现。

| 图7-46 | 图7-47 | 图7-48 |

随着粉丝规模不断扩大，"凯叔讲故事"还为家长设计帮助孩子成长的付费育儿课程，通常以微课的形式授课，受到了很多用户的欢迎。同时，"凯叔讲故事"还与出版社合作，推出了一系列图书，成功实现了知识付费变现。

上网搜索以上案例，查看详细内容，然后回答以下问题。

（1）"凯叔讲故事"短视频还通过哪些方式进行商业变现？

（2）"凯叔讲故事"的成功有哪些值得学习的地方？

【任务实训】

↘ 实训1——分析文旅局局长变装短视频的变现方式

1. 实训背景

近两年，各地文旅局局长跟随短视频快速兴起的浪潮，纷纷从幕后到台前，通过在短视频中花式变装成功"出圈"，引起了广泛的关注。这些短视频在互联网上收获了数百万次、上千万次甚至上亿次的点击量，获得了巨大的流量，同时也极大地推动了当地旅游业的发展。

2. 实训要求

在互联网中搜索相关短视频，并分析这些短视频的变现方式，提高对短视频商业变现的认识。

3. 实训思路

（1）通过展现当地文化底蕴，打动网友们的心，提高当地文旅的知名度和关注量，引发大量网友前往当地"打卡"，将线上流量成功引到线下，增加了当地旅游业的收益，实现了线下引流变现。

（2）通过在短视频平台上架当地特色农产品，打开了一部分农产品的销售渠道，实现了电商变现，如图7-49所示。

图7-49

（3）通过变装短视频成功"出圈"之后，很多文旅局局长还会通过直播带货的方式推广本地的农副产品，实现了直播变现。

↘ 实训2——变现宠物用品短视频

1. 实训背景

"艾米的乐园"是一家宠物用品店铺，提供各种宠物食品、玩具、床上用品和护理用品等。为了紧跟时代发展，"艾米的乐园"在抖音开通了账号，并发布了短视频，现需要通过多种方式变现。

2. 实训要求

在抖音中通过修改个人简介的方式将粉丝吸引到社群中，通过社群实现变现，并且还要在抖音开设自营电商店铺，直接销售宠物用品以实现变现。

3. 实训思路

（1）打开抖音App，在短视频账号界面中修改个人简介为："私信我！带你进群，好处多多！凡是进群的新人都可进店免费领取猫粮和猫砂（二选一）1份"，效果如图7-50所示。

（2）点击界面右下角的"我"选项，进入短视频账号界面，点击右上角的 ☰ 按钮，点击"抖音创作者中心"选项，在打开的界面中点击"全部"选项，在"我的服务"面板中点击"开通小店"按钮 ❷。

（3）进入小店开通界面，选中"已阅读并同意《账号绑定服务协议》"单选项，然后点击 入驻抖音电商 按钮，如图7-51所示。

图7-50

图7-51

（4）进入"认证类型选择"界面，在对应账号类型栏中点击 立即入驻 按钮，如图7-52所示。

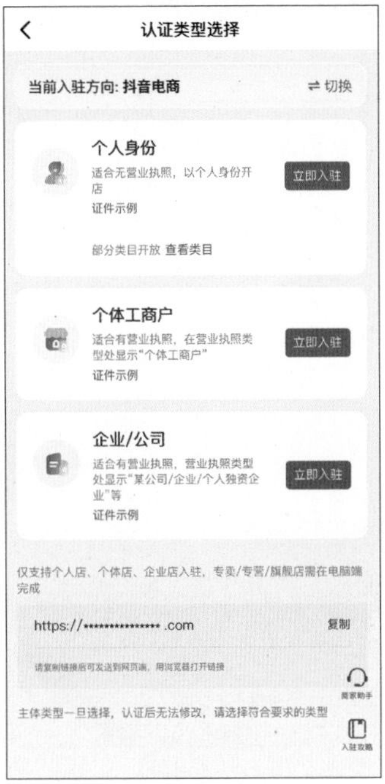

图7-52

（5）在打开的界面中按照系统提示完成认证操作，在输入并上传认证材料后，交纳店铺保证金，完成抖音小店的开通操作。

【思考与练习】

一、填空题

1. 为了吸引高质量的短视频创作者入驻，鼓励创作者持续产出优质内容，很多短视频平台都会推出一些_____计划。

2. _____计划是微信视频号推出的以发现和扶持优质短视频创作者为目标的计划。参与该计划完成任务并通过审核的短视频创作者，可获得视频号流量激励。

3. 视频号成长计划是_____针对在该平台上传短视频的短视频创作者设立的一项计划。该计划旨在帮助创作者提高短视频的曝光量和粉丝数量，从而让他们获得更多的收益。

4. 电商变现即通过短视频内容实现产品的推荐及销售转化，主要有两种变现方式，一是_____，二是_____。

5. 社群变现以_____为基石，将短视频创作者的目标用户从短视频平台引流到社交工具上，打造一个共同兴趣圈并促成最终的消费。

二、单选题

1. 以下选项中，属于抖音推出的短视频创作者激励活动的是（　　）。

    A. 全民任务   B. 北极星计划

    C. 星火计划   D. 创作激励计划

2. 抖音的短视频创作者如果要和广告主达成合作，可以借助（　　）。

    A. 快分销   B. 互选平台   C. 巨量星图   D. 花火商单

3. 通过提供付费咨询服务实现变现的方式是（　　）。

    A. 咨询变现   B. 课程变现   C. 出版变现   D. 电商变现

4. 在直播中，依靠用户的资金实现变现的方式是（　　）。

    A. 用户打赏   B. 社群变现

    C. 电商变现   D. 线下引流变现

三、简答题

1. 简述知识付费变现中常见的渠道。

2. 简述自营电商店铺变现的优势。

3. 简述通过短视频实现社群变现的方式。

四、操作题

1. 繁境女装是一家以复古风格为主的女装店铺，主打高品质、精致的女性服装和配件。为了提高店铺的产品销量，繁境女装近期在抖音、快手和小红书等短视频平台注册了账号，但由于品牌的识别度不高，因此产品的营销效果不好，现要求为该女装店铺规划变现道路。

2. 果多是一家主要销售时令水果和果汁饮料的品牌，该品牌的目标用户群体为20～40岁的中青年健康饮食群体。为了让品牌得到更好的发展，果多决定在短视频平台推广水果、果汁等产品，利用短视频吸引用户进入购买界面，以及通过短视频平台的自营电商店铺来进行产品推广，以实现商业变现，同时提高品牌知名度。现需根据品牌需求写出具体的商业变现方案。

第 8 章

综合项目实战——拍摄与制作美食宣传短视频

【引导案例】

　　2023年毕业季，华为终端抓住毕业季这一热点，发布了一个由nova11系列手机拍摄的毕业季短视频。制作团队将创意作为策划重点，让旅行团乐队用慢速演唱的方式演唱了毕业金曲《再见》，当用户通过二倍速观看该短视频时，将听到原节奏歌曲。另外，该短视频中还运用各种景别、场景、角度，将华为nova11系列手机的强大影像能力表现得淋漓尽致。同时，该短视频还被发布到抖音、快手、小红书等多个主流短视频平台，发布时还添加了"#华为nova11"热点话题，为该产品带来了很多热度。

【学习目标】

➢ 能够独立完成短视频的策划、拍摄、剪辑、发布和运营操作。

➢ 能够自主修改和优化短视频，提高短视频的质量。

【项目背景】

　　食尚味美成立于2020年，总部位于重庆市，是一家专注于传承中华美食文化，致力于提供高品质、健康、美味食品的现代餐饮企业。食尚味美坚持选用新鲜、无污染的原材料，采用先进的烹饪技术和坚持保障卫生安全的服务理念，为广大消费者带来优质的餐饮体验。并且，食尚味美还拥有自己的研发和生产基地，拥有一支专业的技术团队，致力于探索美食制作领域的创新与发展。目前，食尚味美已经在全国范围内开设了多家门店，并拥有了一定的市场影响力。

　　随着互联网的飞速发展，以及各种短视频应用的兴起，短视频成为用户获取信息、购物及传递信息的主要渠道。对于食尚味美而言，短视频不仅可以快速且直观地向用户展示美食产品的特点和优势，让用户更好地了解企业的品牌、产品和服务，而且短视频具有趣味性和互动性，可以吸引更多用户的关注和参与，带来更高的转化率。因此，食尚味美开始进行短视频营销，并申请了一个名为食尚味美的短视频账号，将该账号的目标用户定位为18～35岁的女性。现食尚味美准备参与某短视频平台举办的主题活动"特色美食节"，需要拍摄并制作与美食相关的短视频，然后通过食尚味美这一账号发布到短视频平台中，以提高品牌知名度和影响力。

【项目要求】

　　为更好地完成短视频的制作和发布，需要遵循以下要求。

- 格式规范要求：设计规格为1080像素×1920像素、30帧/秒，总时长为60秒左右，导出格式为MP4，同时保留设计源文件，便于后续修改。

- 拍摄器材和场地要求：拍摄器材要求使用单反相机，并借助手持稳定器、灯光设备等辅助设备辅助拍摄，提高视频画面的质量，以优化用户观看的体验。场地要求为一条干净、卫生的美食街，同时需提前与场地负责人沟通美食街是否允许拍摄，为后续拍摄做好准备。

- 拍摄要求：在拍摄短视频的过程中，要求运用多种拍摄技巧来传递画面信息，抓住最佳的光线和角度，并注重色彩、细节和艺术效果等方面的呈现，全方位地展示各种美食，包括外观、质感、色泽等。除了拍摄美食，同时还要拍摄一些周边环境、食材等画面，让短视频内容显得更丰富。

- 制作要求：在短视频中添加语音解说和字幕，以及有关美食的音效，如烤肉的火焰声、油炸食品的爆裂声等，并使用提供的背景音乐，以增强短视频的视听效果。背景音乐也可在制作短视频前自行前往素材网站下载。另外，剪辑软件要求使用Premiere和剪映专业版。

- 运营要求：完成短视频后，导出短视频，然后在抖音、微信视频号、微信朋友圈、微博中推广和宣传。

【操作过程】

整个项目的操作过程主要涉及短视频的策划、拍摄、剪辑、发布和运营4个阶段的工作，每个阶段都必不可少。

一、策划美食宣传短视频

策划短视频时可根据食尚味美短视频账号的用户定位和内容定位来操作，主要包括选题、内容和脚本3个方面的内容。

1. 策划短视频选题

考虑到食尚味美短视频账号的用户定位为年轻女性群体，她们喜欢尝试新鲜事物和美食，对美食活动有着强烈的好奇心，在饮食方面追求多样化，渴望尝试不同地方、不同口味的美食，为了展现美食的多样性与魅力，可以直接将"寻味"作为短视频的选题，意为寻找美味。

2. 策划短视频内容

由于是拍摄美食短视频，因此该短视频的内容领域即为美食。由于该短视频拍摄的内容是真实生活中的场景，因此可选择短视频内容的表现方式为美食分享Vlog，通过拍摄一些街边美食画面，展现当地的生活气息，然后经过剪辑，通过美观的视频画面、合适的背景音乐让用户产生共鸣，吸引用户前来活动现场"打卡"消费。考虑到该短视频内容主要是寻找美味，因此可将短视频内容风格确定为轻松活泼风格，让用户在线上就能够感受到活动现场轻松愉悦的氛围。为了增强用户的代入感和互动性，提升短视频的观看率，同时也更好地传递信息和促进交流，可采用独特的拍摄手法，从第一人称的角度来介绍美食。

3. 撰写短视频脚本

该短视频属于美食类短视频，因此，拍摄重点主要是多种美食的外观和制作过程，同时也可以拍摄一些美食周边环境的镜头，用于介绍背景，烘托气氛。在拍摄美食视频时，景别多采用近景和特写，以便用户"近距离"观看美食，引起用户兴趣。由于拍摄的内容比较多，这里可以选择撰写分镜头脚本，主要包括镜号、景别、运镜方式、画面内容和时长5个方面的内容，参考脚本如表8-1所示。

表 8-1

镜号	景别	运镜方式	画面内容	时长／秒
1	全景	摇镜头	镜头从天空下移至地面	14
2	全景、近景	移镜头	将镜头左移，拍摄美食街入口外的环境	6
3	近景	推镜头、移镜头	拍摄美食街入口，然后拍摄逐渐进入美食街的画面，随着镜头的移动，美食街中的空间环境不断变化	87
4	近景、中景	移镜头	拍摄镜头从模特背后逐渐远离并转移到模特左侧的画面	3

续表

镜号	景别	运镜方式	画面内容	时长/秒
5	中景、近景	推镜头	镜头从模特背后逐渐前移，直到显现出模特对面的街景	4
6	近景	固定镜头	拍摄店主制作包浆豆腐的过程	18
7	近景、特写	跟镜头	镜头跟随店主动作，拍摄为冰粉添加小料的过程	45
8	近景	摇镜头	镜头从左到右拍摄小龙虾在烧烤架上的画面	6
9	近景	固定镜头	拍摄店主翻烤小龙虾的画面	5
10	近景	摇镜头	镜头从左到右拍摄小龙虾烤好后的画面	6
11	近景	固定镜头	拍摄店主烤制烤串的画面	4
12	特写	摇镜头	镜头从烤架上移至烤串上	7
13	近景	固定镜头	拍摄店主为烤串刷调料的画面	16
14	特写	固定镜头	近距离拍摄彩椒烤肉串的细节	6
15	近景	固定镜头	拍摄店主烤制彩椒烤肉串的画面	16
16	特写	固定镜头	拍摄店主在铁板上翻烤肉粒的画面	6
17	近景	固定镜头	拍摄店主在烧烤架上烤制肉串的画面	17
18	近景、特写	推镜头	拍摄生蚝在烧烤架上的画面	31
19	近景	固定镜头	拍摄店主在烧烤架上烤鱼的画面	19
20	近景	固定镜头	拍摄店主制作烤猪蹄的画面（从多个视角拍摄）	52
21	特写、近景	移镜头	镜头从右到左移动，拍摄新鲜的烧烤食材	22

视频总时长：6分30秒（具体时长根据实际情况而定，这里仅供参考）

↘ 二、拍摄美食宣传短视频

准备好拍摄用的单反相机、手持稳定器，与模特做好沟通后，便可前往美食街进行室外拍摄。根据分镜头脚本，可以将此次的拍摄过程分为拍摄美食街周边环境、拍摄人物出场视频、拍摄各种特色美食和拍摄新鲜食材4个部分。

1. 拍摄美食街周边环境

为了交代清楚拍摄地点，首先需要拍摄美食街周边环境，具体操作如下。

（1）将相机调整为视频模式，然后设置视频的拍摄格式、视频分辨率和帧频分别为MP4、1920像素×1080像素、30帧/秒。

（2）拍摄镜号1。设置曝光模式为全自动曝光模式，对焦模式为自动对焦（若光线不好，可根据需要调整曝光、感光度、白平衡等参数），在美食街入口将相机镜头仰视拍摄天空，然后慢慢向下移动镜头，拍摄美食街入口外的环境，效果如图8-1所示。

图8-1

（3）拍摄镜号2。向左移动镜头，拍摄美食街入口，效果如图8-2所示。

图8-2

（4）拍摄镜号3。将镜头对焦美食街入口，然后将镜头推近，近距离拍摄美食街入口。将手持稳定器安装在相机上，手持相机在美食街中行走，拍摄其内部环境，效果如图8-3所示。

图8-3

2. 拍摄人物出场视频

接下来拍摄人物出场的画面，从第一人称的角度引出与美食相关的内容，具体操作如下。

（1）拍摄镜号4。让模特在天桥上看夜景，然后将镜头对焦模特背影。在相机中设置曝光模式为手动曝光模式，根据场景的光线强度来合理设置相机的光圈大小、快门速度、感光度，使模特曝光正确。移动镜头，拍摄模特左侧，景别由近景变为中景，效果如图8-4所示。

图8-4

（2）拍摄镜号5。在模特背后调整手持稳定器的高度，使相机镜头高于模特，然后调整相机角度，通过推镜头拍摄模特背影和街景，效果如图8-5所示。

图8-5

3. 拍摄各种特色美食

该美食宣传短视频是一个以美食分享为主的短视频，因此，美食是短视频的重点内容。在拍摄时可依次拍摄不同的特色美食，具体操作步骤如下。

（1）拍摄镜号6。在包浆豆腐摊位以固定镜头和近景景别拍摄包浆豆腐的制作过程，效果如图8-6所示。

图8-6

（2）拍摄镜号7。在冰粉摊位将镜头对焦至店主手中的冰粉，通过调整光圈使背景虚化，然后以近景景别拍摄店主在冰粉中添加小料的过程，拍摄过程中还可以使用特写的景别展示冰粉细节，突出该产品用料丰富，效果如图8-7所示。

图8-7

（3）拍摄镜号8。在小龙虾烧烤摊位将镜头对焦至正在制作中的小龙虾，然后从左到右移动镜头，展示多个小龙虾，效果如图8-8所示。

图8-8

（4）拍摄镜号9和镜号10。以固定镜头的方式拍摄店主不断翻烤烤架上的小龙虾烤串的视频画面，然后将烤好的小龙虾烤串放在烤架上，最后将镜头从左到右移动，拍摄小龙虾烤串烤好后的视频画面，效果如图8-9所示。

图8-9

（5）拍摄镜号11和镜号12。先用固定镜头拍摄店主正在烤串的视频画面，然后将镜头移至烤架上，慢慢将镜头对焦至烤串上，近距离拍摄烤串细节，效果如图8-10所示。

图8-10

（6）拍摄镜号13。采用对角线构图，先俯拍店主为烤串刷调料的过程，效果如图8-11所示；然后转换拍摄角度，调整焦距，使用同样的构图方式拍摄，效果如图8-12所示。

图8-11

图8-12

（7）拍摄镜号14。更换场景，将镜头对焦至彩椒烤肉串上，调整焦距，以特写景别拍摄，效果如图8-13所示。

（8）拍摄镜号15。采用对角线构图，调整焦距，以近景景别继续拍摄彩椒烤肉串，效果如图8-14所示。

图8-13

图8-14

（9）拍摄镜号16。将镜头对焦至铁板上的肉粒，调整焦距，使用固定镜头拍摄店主在铁板上翻烤肉粒的动作，近距离展示肉粒滋滋冒油的画面，效果如图8-15所示。

（10）拍摄镜号17。更换场景，将相机镜头对焦至烧烤架上的肉串，使用近景景别和固定镜头拍摄，效果如图8-16所示。

图8-15

图8-16

（11）拍摄镜号18。更换场景，采用近景景别将镜头对焦至烧烤架上的生蚝，然后通过推镜头和特写景别拍摄其中单个生蚝的细节，效果如图8-17所示。

图8-17

（12）拍摄镜号19。更换场景，使用固定镜头拍摄店主为烤鱼刷调料、翻面烤制等动作，效果如图8-18所示。

（13）拍摄镜号20。更换场景，使用固定镜头多角度拍摄店主制作烤猪蹄的过程，效果如图8-19所示。

图8-18

图8-19

4. 拍摄新鲜食材

对于美食类短视频的目标用户来说，他们对食物的卫生、新鲜程度等非常重视。因此，为了让用户放心，继续拍摄镜号21，展示一些新鲜的食材，具体操作步骤为：先转换到一个食材干净、新鲜的场景，然后将镜头对焦至食材并从右到左移动，使用移镜头拍摄出食材的新鲜、干净、种类丰富等，效果如图8-20所示。

图8-20

↘ 三、剪辑美食宣传短视频

短视频的制作可以同时使用Premiere与剪映专业版。由于Premiere是比较专业的视频剪辑工具，剪辑功能强大，并且此次拍摄的视频素材较多，因此可以在Premiere中剪辑短视频，并制作片头，然后利用剪映专业版丰富的转场、滤镜和字幕等功能美化短视频，利用模板制作片尾。

1. 制作短视频片头

为了让短视频在第一时间引起用户关注，需要为美食宣传短视频制作一个快闪片头，可以直接使用Premiere导入视频素材，并剪辑为多段单独的视频片段，具体操作如下。

微课视频：制作
短视频片头

（1）启动Premiere，新建名为"寻味"的项目文件。按【Ctrl+N】组合键打开"新建序列"对话框，在其中设置序列名称为"片头"，选择合适的序列预设，如图8-21所示，然后单击 确定 按钮。

图8-21

（2）将所有的素材（配套资源：\素材文件\第8章\美食短视频素材\）全部导入"项目"面板。在"项目"面板中双击"卡点音乐.mp3"素材，在"源"面板中打开该素材，然后在"源"面板中将时间指示器 移动到"00:00:00:13"位置，单击"标记入点"按钮 （或按【I】键），将当前时间点标记为入点，如图8-22所示。

（3）在"源"面板中将时间指示器 移动到"00:00:03:23"位置，然后单击"标记出点"按钮 （或按【O】键），将当前时间点标记为出点，如图8-23所示。

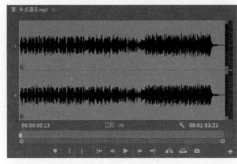
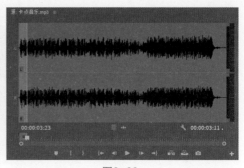

图8-22   图8-23

（4）设置完成后，将素材从"项目"面板（或"源"面板）中拖入"时间轴"面板A1轨道，此时该素材就是在"源"面板中截取的入点和出点之间的音频片段。

（5）选择"时间轴"面板，双击A1音频轨道将其放大显示，按空格键试听音频，当发现音频波动较大时，即卡点出现时，可按【M】键添加标记。这里依次在"00:00:00:00""00:00:00:10""00:00:00:24""00:00:01:10""00:00:01:28""00:00:03:00""00:00:03:12"位置添加标记，效果如图8-24所示。

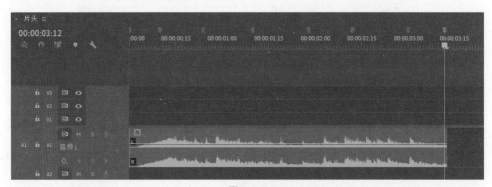

图8-24

（6）单击A1轨道前的"切换轨道锁定"按钮锁定A1轨道，避免影响后续操作。

（7）在"项目"面板中选择"烤鱼.mp4"素材，单击鼠标右键，选择"速度/持续时间"命令，在打开的对话框中设置"速度"为"150%"，如图8-25所示，单击 确定 按钮。

（8）在"项目"面板中双击"烤鱼.mp4"视频素材，在"源"面板中标记入点为"00:00:02:20"，标记出点为"00:00:03:00"，按【Ctrl+U】组合键打开"制作子剪辑"对话框，取消选中"将修剪限制为子剪辑边界"复选框，如图8-26所示，单击 确定 按钮。

（9）使用相同的方法在"包浆豆腐.mp4"视频素材的基础上依次制作入点为"00:00:09:10"、出点为"00:00:10:00"的子剪辑；在"火爆小龙虾.mp4"视频素材（视频速度调整为"150%"）的基础上依次制作入点为"00:00:02:00"、出点为"00:00:02:20"的子剪辑；在"烤串1.mp4"视频素材（视频速度调整为"150%"）的基础上依次制作入点为"00:00:07:00"、出点为"00:00:07:18"的子剪辑；在"烤串2.mp4"视频素材（视频速度调整为"200%"）的基础上依次制作入点为

"00:00:04:20"、出点为"00:00:05:10"的子剪辑；在"烤串3.mp4"视频素材（视频速度调整为"150%"）的基础上依次制作入点为"00:00:00:10"、出点为"00:00:00:25"的子剪辑；在"烤生蚝.mp4"视频素材的基础上依次制作入点为"00:00:30:00"、出点为"00:00:30:20"的子剪辑。完成后的所有子剪辑在"项目"面板中如图8-27所示。

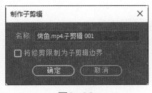

图8-25   图8-26   图8-27

（10）在"项目"面板中选择所有的子剪辑素材，单击"项目"面板下方的"自动匹配序列"按钮，打开"序列自动化"对话框，在"放置"下拉列表中选择"在未编号标记"选项，如图8-28所示，单击 确定 按钮。

（11）此时所有子剪辑素材将自动添加到"时间轴"面板中，并按照标记点的位置自动匹配，如图8-29所示。然后将最后一个视频素材出点与音频素材出点调整为一致。

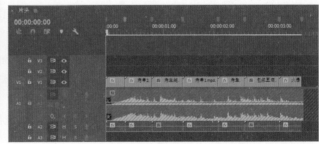

图8-28   图8-29

（12）将"人物.mp4"视频素材拖到"时间轴"面板V1轨道前一段视频素材后面，然后调整该视频素材的速度为"120%"。

2. 剪辑短视频正片内容

接下来继续利用Premiere剪辑短视频，通过调整出入点、删除、调整视频速度等操作，制作出美食宣传短视频的正片内容，具体操作如下。

微课视频：剪辑
短视频正片内容

（1）新建一个名为"正片"的序列文件（参数设置与"片头"序列一致），然后在项目面板中双击"美食街.mp4"视频素材。

（2）在"源"面板中设置入点为"00:00:02:27"、出点为"00:00:07:28"，然后将其拖入"时间轴"面板V1轨道。

（3）使用相同的方法依次设置"美食街.mp4"视频素材的入点为"00:00:10:16"、出点为"00:00:14:09"，入点为"00:00:18:02"、出点为"00:00:53:26"，入点为"00:01:02:21"、出点为"00:01:15:16"，入点为"00:01:32:22"、出点为"00:01:44:09"，然后将这些视频片段依次添加到"时间轴"面板中。此时"时间轴"面板如图8-30所示。

（4）在"时间轴"面板中选择前2个视频片段，单击鼠标右键，选择"速度/持续时间"命令，在打开的对话框中设置"速度"为"300%"，选中"波纹编辑，移动尾部剪辑"复选框，如图8-31所示，单击 确定 按钮。

（5）使用同样的方法调整"时间轴"面板中的后3个视频片段的速度为"600%"。打开"效果"面板，展开"视频过渡""溶解"栏，将其中的"黑场过渡"视频过渡效果拖曳到V1轨道视频素材出点。

图8-30

图8-31

（6）在"时间轴"面板中将时间指示器■移动到视频素材末尾，在"项目"面板中双击"烤鱼.mp4"视频素材，在"源"面板中设置入点和出点分别为"00:00:08:00""00:00:12:06"，单击"源"面板下方的"插入"按钮🔳。

（7）将"项目"面板中的"烤猪蹄.mp4"素材拖动到"时间轴"面板，调整选择该素材速度为"200%"。在"时间轴"面板拖曳时间指示器■到"00:00:17:07"位置，按【I】键标记入点，再拖曳时间指示器■到"00:00:17:27"位置，按【O】键标记出点。此时"时间轴"面板如图8-32所示。

（8）在"节目"面板中单击"提取"按钮🔳，此时该段视频素材中被标记的入点和出点部分被移除。

（9）使用相同的方法继续移除入点为"00:00:19:15"、出点为"00:00:20:23"，入点为"00:00:20:07"、出点为"00:00:21:18"，入点为"00:00:20:29"、出点为"00:00:22:24"，入点为"00:00:22:13"、出点为"00:00:36:21"之间的视频片段。

（10）在"项目"面板中清除"包浆豆腐.mp4"视频素材的入点和出点，然后将该视频素材拖曳到"时间轴"面板，并调整该视频素材的速度为"200%"。使用步骤（9）中的方法移除入点为"00:00:24:18"、出点为"00:00:28:29"，入点为"00:00:27:00"、出点为"00:00:28:08"之间的视频片段。

（11）在"项目"面板中清除"火爆小龙虾.mp4"素材的入点和出点，然后将其拖曳到"时间轴"面板中。使用步骤（9）中的方法移除入点为"00:00:27:17"、出点为"00:00:29:23"，入点为"00:00:29:06"、出点为"00:00:30:12"，入点为"00:00:31:05"、出点为"00:00:34:23"之间的视频片段。

（12）在"时间轴"面板中将时间指示器■移动到短视频末尾，在"项目"面板中双击"烤串1.mp4"视频素材，在"源"面板中设置入点和出点分别为"00:00:04:29""00:00:06:01"，单击"源"面板下方的"插入"按钮■，如图8-33所示。

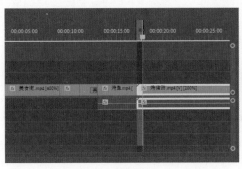

图8-32　　　　　　　　　　　　　　　　　图8-33

（13）使用与步骤（12）相同的方法再次将入点和出点分别为"00:00:11:04""00:00:13:14"，以及入点和出点分别为"00:00:15:24""00:00:19:10"的视频片段插入"时间轴"面板中。

（14）在"项目"面板中双击"烤串2.mp4"视频素材，将入点和出点分别设置为"00:00:03:09""00:00:04:04"，再次设置入点和出点"00:00:07:15""00:00:10:08"，将这两个视频片段插入"时间轴"面板中。

（15）在"项目"面板中双击"烤串3.mp4"视频素材，将入点和出点分别设置为"00:00:04:20""00:00:16:10"的视频片段插入"时间轴"面板中，并调整该视频片段的"速度"为"500%"。

（16）在"项目"面板中清除"烤生蚝.mp4"视频素材的入点和出点，然后将其拖曳到"时间轴"面板。使用步骤（9）中的方法移除入点为"00:00:50:23"、出点为"00:01:00:00"之间的视频片段，调整最后一段视频素材的出点为"00:00:53:12"。

（17）在"项目"面板中将"食材.mp4"视频素材拖曳到"时间轴"面板中，调整该视频素材的"持续时间"为"300%"，调整最后一段素材出点为"00:00:57:17"。

（18）在"项目"面板中将"冰粉.mp4"素材拖曳到"时间轴"面板，调整该视频素材的持续时间为"300%"。在"时间轴"面板中移除入点为"00:00:57:17"、出点为"00:00:58:21"，入点为"00:00:58:02"、出点为"00:00:59:04"，入点为"00:00:58:04"、出点为"00:00:58:28"，入点为"00:00:59:19"、出点为"00:01:01:13"，入点为"00:01:00:14"、出点为"00:01:01:25"，入点为"00:01:01:05"、出点为"00:01:05:09"之间的视频片段。

（19）在"时间轴"面板中将时间指示器■移动到"00:00:13:00"，将"烧烤音效.mp3"素材拖曳到A1轨道时间指示器■位置，然后移除入点为"00:00:53:12"、出点为"00:01:24:27"之间的音频片段（注意在移除音频片段时需先锁定V1轨道，以免误操作），并将第2段音频片段拖曳到A2轨道中，制作出混音效果，然后调整两个音频轨道中的音频片段出点相一致。此时"时间轴"面板如图8-34所示。

（20）在"音频混合器"面板中通过拖曳A1和A2轨道中的滑块调整音频音量，如图8-35所示。

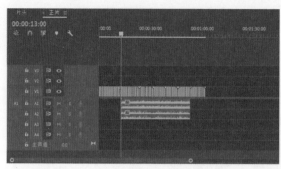 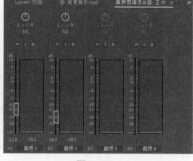

图8-34　　　　　　　　　　　　　　　　　图8-35

（21）新建一个名为"总序列"的序列文件（参数设置与"正片"序列一致），将"片头"序列和"正片"序列拖曳到新序列中，如图8-36所示。按【Ctrl+S】组合键保存文件，然后关闭Premiere。

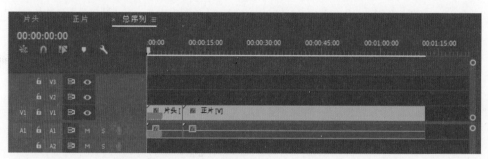

图8-36

3. 为短视频添加转场和滤镜

由于剪映专业版中的滤镜、转场等特效比较丰富，而且操作简单，并且剪映专业版支持导入Premiere文件，因此可以在剪映专业版中为短视频添加转场和滤镜，从而美化短视频画面，具体操作如下。

微课视频：
为短视频添加
转场和滤镜

（1）打开剪映专业版，单击"导入工程"按钮，在打开的对话框中选择上一个环节中制作的"寻味.prproj"工程文件（配套资源：\效果文件\第8章\寻味.prproj），将在Premiere中制作的工程文件导入剪映专业版。

（2）进入剪映专业版工作界面，在"时间轴"面板中选择视频轨道中的第2段视频素材，在右上角的"编辑"面板中依次单击"变速"选项卡、"曲线变速"选项卡，在展开的列表中选择"闪进"选项，然后在下方拖曳滑块调整速度，如图8-37所示。

（3）在"时间轴"面板中选择音频轨道中的第2段音频素材，单击鼠标右键，选择

"解除复合片段"命令（或按【Shift+Alt+G】组合键），然后重新调整音频素材的入点
为"00:00:13:05"、出点为"00:00:38:03"。此时"时间轴"面板如图8-38所示。

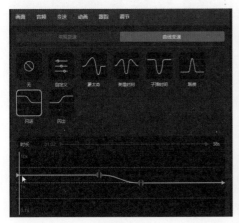
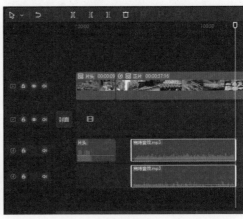

图8-37　　　　　　　　　　　图8-38

（4）再次选择步骤（3）中拆分的音频素材，单击鼠标右键，选择"创建组合"命令
（或按【Shift+G】组合键），然后在右上角的"编辑"面板中单击"音频"选项卡，设置
淡入时长和淡出时长分别为"0.5s""1.5s"，如图8-39所示。

（5）在左上角的"素材"面板中单击"媒体"选项卡，展开"本地"列表，单击
"背景音乐.wma"素材中的"添加到轨道"按钮，将其添加到"时间轴"面板中，然后
调整该音频素材入点为"00:00:03:22"、出点与整个短视频长度一致，如图8-40所示，然
后设置"背景音乐.wma"素材的淡出时长为"1.5s"。

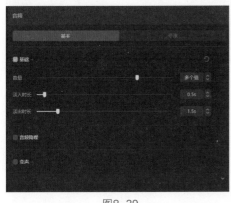

图8-39　　　　　　　　　　　图8-40

（6）在"时间轴"面板中选择视频轨道中的第2段视频素材，在右上角的"编辑"面
板中单击"动画"选项卡，选择"入场"选项卡中的"旋转开幕"选项；单击"出场"
选项卡，选择"渐隐"选项，如图8-41所示。

（7）将时间指示器移动到"00:00:03:13"位置，在左上角的"素材"面板中单击
"滤镜"选项卡，单击"清晰"滤镜右下角的"添加到轨道"按钮，如图8-42所示。

图8-41　　　　　　　　　　　　　图8-42

（8）在"时间轴"面板中将"清晰"滤镜的出点调整为与第1段视频素材的出点一致，然后使用与步骤（7）相同的方法添加"暖食"滤镜，并调整该滤镜入点为"00:00:14:11"、出点为"00:00:42:08"。此时"时间轴"面板如图8-43所示。

（9）将时间指示器■移动到短视频开头，在左上角"素材"面板中单击"特效"选项卡，选择"镜头变焦"选项，在"播放器"面板中可查看添加特效后的效果。单击"镜头变焦"特效右下角的"添加到轨道"按钮■，如图8-44所示。

图8-43　　　　　　　　　　　　　图8-44

4. 添加美食解说字幕

经过以上流程，短视频已经基本制作完成，但为了让用户更容易理解短视频的内容，增强短视频的感染力，还需为其中的美食添加解说字幕，具体操作如下。

微课视频：添加
美食解说字幕

（1）在左上角"素材"面板中单击"文本"选项卡，展示"文字模板"列表，添加图8-45所示的文字模板。

（2）在"时间轴"面板中调整文字模板的出点为"00:00:03:12"，在右上角"编辑"面板中修改文字内容。文字内容如图8-46所示。

（3）在"编辑"面板中单击"朗读"选项卡，选择"小姐姐"选项，单击 开始朗读 按钮。等待朗读结束后，在"时间轴"面板中调整该语音素材的出点为"00:00:03:12"。

图8-45

图8-46

（4）将时间指示器▦移动到"00:00:03:13"位置，在左上角"编辑"面板中依次单击"文本""新建文本"选项卡，然后单击"默认文本"选项右下角的"添加到轨道"按钮▦，然后在"时间轴"面板中调整文字素材的出点。此时"时间轴"面板如图8-47所示。

（5）在"编辑"面板中输入文字内容，并调整文字大小，如图8-48所示。单击"动画"选项卡，设置"向上露出"入场动画，再使用"小姐姐"语音朗读文字。

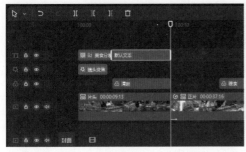
图8-47

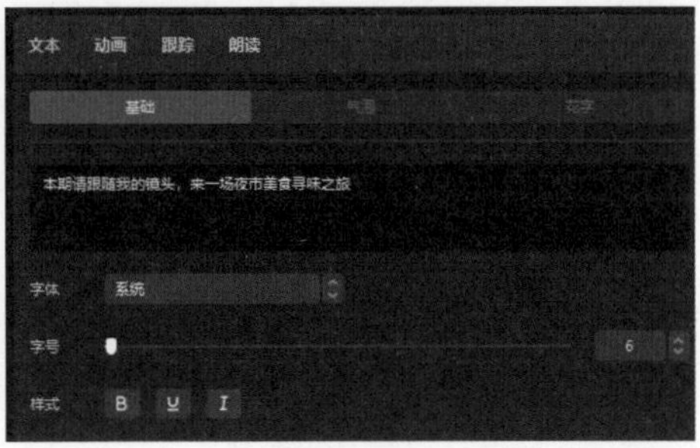

图8-48

（6）等待朗读结束后，在"时间轴"面板中选择第2个语音素材，在右上角"编辑"面板中的"变速"选项卡中设置"倍数"为"0.8x"。

（7）将时间指示器▦移动到"00:00:09:29"位置，在左上角"素材"面板中单击"文本"选项卡，展开"文字模板"列表，然后选择图8-49所示的文字模板。

（8）在右上角"编辑"面板中修改文字内容，并调整文字模板的缩放和位置，如图8-50所示。

图8-49

图8-50

（9）在"时间轴"面板中调整文字模板的出点为"00:00:13:03"，将时间指示器▮移动到"00:00:13:05"位置，然后添加图8-51所示的文字模板。

（10）在"时间轴"面板中调整文字模板的出点为"00:00:14:10"，修改文字模板中的文字内容，调整文字模板的位置，效果如图8-52所示。

图8-51   图8-52

（11）依次为不同的美食添加相同的文字模板，然后修改文字模板的位置、出入点，以及文字模板中的文字内容，效果如图8-53所示。

图8-53

5. 制作短视频片尾

最后为美食宣传短视频制作片尾，并在片尾中添加企业名称，让用户对该企业留下深刻印象，也为整个短视频画上一个圆满的句号，具体操作如下。

（1）将时间指示器▮移动到"00:00:45:14"位置，在左上角"素材"面板中单击"文本"选项卡，展开"文字模板"列表，然后添加图8-54所示的文字模板。

微课视频：制作
短视频片尾

（2）调整该文字模板出点为"00:00:47:27"，然后修改文字模板中的文字内容，效果如图8-55所示，然后按【Ctrl+S】组合键保存文件。

图8-54　　　　　　　　　　　　　　　图8-55

（3）整个短视频内容已经制作完成，可查看最终效果。效果如图8-56所示。

图8-56

↘ 四、发布和运营美食宣传短视频

为了达到项目要求，还需要将制作完成的美食宣传短视频发布出去，并运营和推广该短视频。

1. 制作短视频封面

由于美食宣传短视频最终在是剪映专业版中完成的，因此，这里为了方便操作，直接在剪映专业版中制作短视频的封面，具体操作如下。

（1）在"时间轴"面板中单击"封面"选项，打开"封面选择"对话框，在"视频帧"选项下方选择短视频中的一帧作为封面背景图，这里直接选择默认的第一帧，然后单击 去编辑 按钮，如图8-57所示。

微课视频：制作
短视频封面

图8-57

（2）打开"封面设计"对话框，在对话框左侧单击"美食"选项卡，然后选择一个封面模板，如图8-58所示。

图8-58

在"封面选择"对话框中选择"本地"选项，可选择除了本短视频外的其他图片作为封面背景图，封面背景图的选择范围更广泛。

（3）在"封面设计"对话框右侧选择模板中的文字，然后修改其中的文字内容，在左侧单击"文本"选项卡，然后在"花字"列表中选择花字模板，如图8-59所示，完成后单击 完成设置 按钮。

图8-59

2．短视频标题写作

短视频封面制作完成后还需为美食宣传短视频撰写标题，考虑到短视频内容为美食分享，而且短视频目的是吸引人前去参与主题活动"特色美食节"，因此这里将短视频标题确定为"万众期待的特色美食节开幕啦！来看看有没有你想吃的？"。通过设置疑问，引发目标用户的好奇心，从而吸引他们点击查看该短视频。

3．导出并发布短视频

由于美食宣传短视频是通过剪映专业版完成的，因此，这里为了方便操作，直接在剪映专业版中导出并发布短视频，具体操作如下。

微课视频：导出
并发布短视频

（1）在剪映专业版中预览完成后的短视频，确认无误后单击 导出 按钮，打开"导出"对话框，如图8-60所示。

图8-60

181

（2）单击"导出至"选项后的 ▢ 按钮，在打开的"请选择导出路径"对话框中选择短视频的保存位置，然后在"导出"对话框中单击 导出 按钮，可将美食宣传短视频和封面图片导出至当前计算机中（配套资源：\效果文件\第8章\寻味\），便于发布到其他短视频平台中。

（3）等待导出结束后，在"导出"对话框中选中"抖音"单选项，可将美食宣传短视频发布到抖音，然后在"标题"文本框中输入标题"万众期待的特色美食节开幕啦！来看看有没有你想吃的？"，如图8-61所示。

图8-61

（4）在"导出"对话框中展开"更多选项"下拉列表，在"申请关联热点"栏下方的文本框中输入"美食节"，然后选择与之相关的热点，在"添加标签"栏下方选择活动地点，然后在底部单击 发布 按钮如图8-62所示，即可发布短视频。

图8-62

（5）打开"发布列表"对话框，如图8-63所示，等待对话框中进度完成后即可将美食宣传短视频发布到抖音。

图8-63

4. 多平台推广短视频

为了增加美食宣传短视频的曝光度，从而获取更多的流量和更高的热度，可在多个平台上进行推广，例如抖音、微信视频号等短视频平台，以及微博、微信等社交平台。

在抖音中可以利用"DOU+"进行推广，具体操作如下。

（1）打开抖音App，选择发布的美食宣传短视频，点击界面右侧的**●●●●**按钮，在展开的面板中点击"上热门"按钮 DOU+ ，如图8-64所示。

（2）进入"DOU+"的"速推版"界面，点击"更多能力请前往定向版"选项，打开"定向版"界面。定向版界面如图8-65所示。

（3）在"定向版"界面中设置"投放时长"为"24小时"、"投放金额"为"298元"，单击 支付 按钮支付相应的费用，如图8-66所示。

微课视频：
在抖音中推广
美食宣传短视频

图8-64

图8-65

图8-66

在微信视频号中可以利用加热工具推广，但在推广前，还需将美食宣传短视频发布到微信视频号中，然后利用微信视频号的加热工具对其进行推广，具体操作如下。

（1）进入微信视频号，在打开的界面中点击"发表视频"按钮 📷 ，如图8-67所示。

（2）在打开的面板中点击"从手机相册选择"选项，在打开的界面中选择制作好的"寻味.mp4"视频文件（配套资源：\素材文件\第8章\寻味\

微课视频：
在微信视频号中
推广"寻味"
短视频

寻味.mp4），点击 下一步(1) 按钮，在打开的界面中点击 完成 按钮，如图8-68所示。

（3）进入发表页面，在文本框中输入标题并添加话题"#美食节"，如图8-69所示。

图8-67　　　　　　图8-68　　　　　　图8-69

（4）点击"活动"选项，在打开的面板中点击"参与活动"选项，打开"选择想要参加的活动"界面。在该界面中输入"美食"并搜索，在搜索结果中选择与之相关的活动，如图8-70所示。

（5）打开活动详情界面，查看活动描述和活动时间，然后点击 参与 按钮，如图8-71所示。

（6）返回发表界面，确定信息无误后，点击 发表 按钮，如图8-72所示。

图8-70　　　　　　图8-71　　　　　　图8-72

🖐 **高手秘技**

　　除了在微信视频号中参与活动外，还可以发起活动。其操作方法为：在发表界面点击"活动"选项，然后在打开的面板中点击"发起活动"选项，在"发起活动"界面中输入活动的名称、相关描述、活动结束时间等，然后点击 `发起` 按钮。

　　（7）等待发布成功后，在微信视频号中播放该短视频，在播放界面右上角点击 `⋯⋯` 按钮，在展开的面板中点击"上热门"按钮 ⊡，如图8-73所示。

　　（8）打开"创建加热计划"界面，设置优先提升目标、下单金额、加热方式，点击 `下一步` 按钮，如图8-74所示。

　　（9）在打开的面板中确定加热方案无误后，选中"阅读并同意《视频号加热协议》"单选项，然后点击 `充值并支付` 按钮如图8-75所示，即可推广短视频。

图8-73

图8-74

图8-75

　　除了短视频平台，还可以将美食宣传短视频分享到微信朋友圈中，引导微信好友转发，达到推广的目的，具体操作如下。

　　（1）进入微信视频号中，在微信视频号中播放美食宣传短视频，在播放界面右上角点击 `⋯⋯` 按钮，在展开的面板中点击"分享到朋友圈"按钮 ⊙，打开"分享到朋友圈"界面。分享到朋友圈界面如图8-76所示。

　　（2）在文本框中输入"喜欢美食，想要一起去参加美食节的朋友可以关注哟"，点击"所在位置"选项，在打开的界面中选择活动地点，点击右上角的 `发表` 按钮，如图8-77所示。

　　（3）将该短视频发布到朋友圈后，可在其中查看发布后的效果，如图8-78所示。

微课视频：
在微信朋友圈中
推广美食宣传
短视频

图8-76　　　　　　　　　　　图8-77　　　　　　　　　　图8-78

　　微博推广也是当下热门的运营方式之一，因此可将美食宣传短视频发布到微博中进行推广，具体操作如下。

微课视频：在微博中推广"寻味"短视频

　　（1）打开微博App，点击右上角的⊕按钮，在展开的列表中点击"视频"选项。在打开的界面中选择制作好的"寻味.mp4"视频文件，点击 下一步(1) 按钮，继续在打开的界面中点击 下一步 按钮，进入"发微博"界面。

　　（2）在界面中点击 修改封面 按钮，打开"修改封面"界面，在其中点击"本地上传"选项卡，选择制作好的"寻味-封面.jpg"图片文件（配套资源：\素材文件\第8章\寻味\寻味-封面.jpg），点击 确定 按钮。

　　（3）返回"发微博"界面，在文本框中输入介绍文字，点击"分类"选项，在打开的面板中点击"美食侦探"选项，然后点击 确定 按钮。

　　（4）继续在"发微博"界面中选择短视频类型和输入标题，然后点击下方的 # 按钮，在打开的界面中选择与美食相关的3个话题，点击 发送 按钮，如图8-79所示。

　　（5）等待发布成功后查看微博，进入"微博正文"界面，然后点击右上角的 按钮，如图8-80所示。

　　（6）进入"内容加热"界面，选中"自定义定向加热"单选项，在"兴趣"列表中点击"美食"选项，设置"投放金额"为"1000微币"，如图8-81所示，点击 去充值 按钮，充值并支付完成后即可推广短视频。

5. 与用户互动

　　为了增强互动性，还可以在发布的美食宣传短视频下方发表评论或回复用户的评论等。这里以抖音App为例，具体操作如下。

　　（1）发布成功后，在抖音App中的美食宣传短视频的播放界面中点击 按钮，在打开的面板中输入评论文字"欢迎一起组队打卡！"。

　　（2）当用户评论了短视频后， 按钮下方将显示评论的数量，点击该按钮，在打开的面板中点击某个用户评论下的回复按钮，便可回复该用户的评论。

图8-79   图8-80   图8-81

素养课堂

中华优秀传统文化源远流长、博大精深，是中华文明的智慧结晶。除了美食，短视频创作者还可以从文学、医药、武术、民俗、书法、绘画、音乐、舞蹈、建筑、雕塑、戏曲、棋艺、茶道、民间工艺、传统节日、传统服饰等方面出发弘扬中国传统文化，从而增强中华文明传播力、影响力，推动中华文化更好地走向世界。

【案例分析】

清风 ——《细腻好纸似清风》

人们的生活水平日益提高，越来越重视产品对生活品质的影响。为了提升纸品质量，优化用户体验，清风对旗下纸巾产品进行了迭代升级，在纸巾中特别添加了更优质的造纸原料——相思木纤维。为了深化品牌印象，打造"生态好纸品牌"的定位，清风决定对品牌形象进行全新升级，发布了名为《细腻好纸似清风》的短视频。

制作团队从用户定位的角度出发，以"细腻"为传播内核，让用户通过短视频沉浸式体验自然，感受到使用清风纸巾的每一次擦拭，都如清风拂过。从短视频内容来看，该短视频通过各种景别和构图，运用了多种运镜手法，展示了清风纸巾产地之一——海南林场。图8-82所示的视频画面中采用了框架构图的方法、特写的景别，以及推镜头，展现了纸巾微米级纤维的特点。图8-83采用远景的景别展现了整个林场的广阔深远。

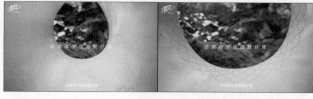

图8-82　　　　　　　　　　　　　　　图8-83

另外，该短视频中还添加了各种自然的音效，如风声、水声、鸟叫声等，以及温柔的女声独白和背景音乐，节奏舒缓，治愈人心，给人一种娓娓道来的亲切感。这种朴实自然的风格与短视频标题《细腻好纸似清风》相契合。

为了增加宣传力度，清风将该短视频发布到抖音、快手、哔哩哔哩、微信视频号等多个短视频平台。该短视频在发布时还添加了多个与短视频内容相关的话题标签，如"#抽纸""#纸巾"等，从而精准引流，如图8-84所示。此外，清风还将该短视频发布到微博，并通过抽奖活动的方式与用户互动，如图8-85所示。

该短视频不仅传递了"细腻好纸似清风"的全新主张，收获了相关行业大量关注，还全方位强化了清风的品牌形象。

图8-84　　　　　　　　　　　　　　　图8-85

上网搜索以上案例，查看该短视频的完整内容，然后回答以下问题。

（1）该短视频是如何进行推广的？

（2）从运营的角度分析该短视频如何做好变现？

【任务实训】

↘ 拍摄与制作"美工刀实用技巧"短视频

1. 实训背景

美家贴士（Meijia Tips）是一家专注于为人们提供高质量、实用性强的生活用品的公司，公司产品涵盖厨房用品、清洁用品、家居装饰用品等。为了更好地宣传美家贴士的产品，扩大市场份额，满足不同用户的消费需求，该公司决定以热卖产品为切入口，拍摄与制作一个与美工刀实用技巧相关的短视频，展示公司热卖产品——美工刀。

2. 实训要求

为更好地完成本任务，在拍摄与制作时，需要遵循以下要求。

（1）格式规范要求。设计规格为1920像素×1080像素、30帧/秒，总时长为50秒左右，需导出格式为MP4的视频文件，同时保留源文件，便于后续修改。

（2）拍摄器材和剪辑工具要求。利用手机拍摄短视频，利用剪映App剪辑和制作短视频。

（3）拍摄和制作要求。从多个角度展示美工刀产品的卖点，而且完成后的短视频效果直观、简洁、重点突出。

（4）运营要求。在抖音推广和运营短视频，并且通过电商变现的方式进行变现。

3. 实训思路

（1）策划短视频。由于制作短视频的目的是营销产品，因此可选择短视频内容领域为产品评测，短视频内容的表现方式为真人解说，通过"一人出镜一人拍摄"的方式，真人全方位展现美工刀的使用方法，测试产品的质量；选择短视频风格为轻松活泼风格，让用户在放松状态下了解该产品。根据短视频的策划，撰写选题为"美工刀实用技巧"的短视频分镜头脚本，如表8-2所示。

表 8-2

镜号	景别	运镜方式	画面内容	时长/秒
1	近景	固定镜头	俯拍使用美工刀裁切纸张的画面	9
2	近景	固定镜头	俯拍使用美工刀割断透明胶带的画面	15
3	近景	固定镜头	俯拍推出并按压刀片，刀片回缩的画面	7
4	近景	固定镜头	正面拍摄推出并按压刀片，刀片回缩的画面	6
5	近景	固定镜头	俯拍推出并锁定刀片，然后按压刀片的画面	13
6	近景	固定镜头	正面拍摄推出并锁定刀片，然后按压刀片的画面	11
7	近景	固定镜头	正面拍摄锁定刀片的画面	8
8	近景	固定镜头	俯拍亚克力板	9
9	近景	固定镜头	俯拍推出刀片并展现刀片正反面的画面	9
10	特写	固定镜头	更换美工刀位置并推出刀片，多角度展示	9
11	近景	固定镜头	俯拍使用美工刀切割亚克力板的画面	20
12	近景	固定镜头	俯拍双手掰断亚克力板的画面	9
13	近景	固定镜头	俯拍亚克力板断开后的效果	4

续表

镜号	景别	运镜方式	画面内容	时长／秒
14	特写	固定镜头	俯拍展示刀片	6
15	近景	固定镜头	更换美工刀位置，展示刀片	8
16	近景	固定镜头	俯拍盖子及其上面的夹缝	12
17	特写	固定镜头	拍摄拆开美工刀尾部盖子的画面	7
18	近景	固定镜头	拍摄夹缝	4
19	特写	固定镜头	俯拍将刀片插入盖子夹缝的画面	11
20	近景	固定镜头	俯拍掰断刀片的画面	15
21	近景	固定镜头	拍摄用纸包好掰断的刀片的画面	18
22	特写	固定镜头	拍摄拆下小号美工刀尾部的盖子的画面	6
23	近景	固定镜头	俯拍从小号美工刀上拆下来的盖子	2
24	近景	固定镜头	俯拍掰断小号美工刀的画面	17
25	近景	固定镜头	俯拍拆开美工刀尾部盖子的画面	11
26	近景	固定镜头	俯拍将备用刀片插到美工刀上的画面	6
27	近景	固定镜头	俯拍将备用刀片推入美工刀内部的画面	5
28	近景	固定镜头	俯拍将盖子重新组装到美工刀上的画面	8

视频总时长：4分钟25秒（具体时长根据实际情况而定，这里仅供参考）

（2）拍摄短视频。将拍摄场地确定为某个光线充足的办公室，并布置一张小型书桌和凳子，预备一个灯箱作为备用光源；选择手机作为拍摄器材，另外还需准备两把不同大小的美工刀、纸张、透明胶带、亚克力板、美工刀片等道具；准备就绪后，可按照分镜头脚本的内容开始拍摄，部分拍摄后的效果如图8-86所示。

图8-86

（3）制作短视频。启动剪映App，点击界面上方的"开始创作"按钮+，进入剪辑界面，按先后顺序将拍摄的28个镜头对应的视频素材［配套资源：\素材文件\第8章\美工刀(1).mp4～美工刀(28).mp4］导入剪映App中；通过剪辑和调整视频速度的方式删除不必要的视频片段，调整整个短视频时长；为短视频添加并调整滤镜，美化视频画面；在视频素材的基础上，添加若干黑场素材作为片头、片尾，以及每一小节的开始画面，并在其中添加文字，使短视频内容更明确、效果更丰富；根据画面内容录制旁白，并调整旁白的速度和音调以增强短视频的节奏感和趣味性；为短视频添加合适的背景音乐，丰富短视频的视听效果，最后完成短视频的制作。部分短视频效果如图8-87所示。

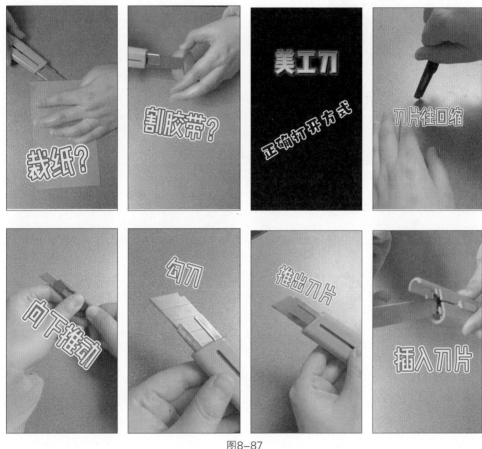

图8-87

（4）运营短视频。考虑到短视频是在剪映App中完成的，这里可直接点击剪映App操作界面右上角的 导出 按钮导出该短视频（配套资源：\效果文件\第8章\美工刀.mp4），再将该短视频发布到抖音中。发布时需要选择短视频中的某一帧作为短视频封面，如图8-88所示；然后在发布界面中输入短视频的标题，以及添加与短视频相关的话题，如"#美工刀""#生活小妙招"，然后点击 ✦ 发布 按钮发布短视频，如图8-89所示；

再利用抖音"DOU+"的定向版推广短视频，定向版界面如图8-90所示。最后在抖音中开通抖音小店，将这款美工刀上架在橱窗中，便于感兴趣的用户购买。

图8-88　　　　　　　　　图8-89　　　　　　　　　图8-90